# DAS GESTALTPROBLEM

VON

## RUPPRECHT MATTHAEI
IN BONN A. RH.

MIT 24 ABBILDUNGEN IM TEXT
UND EINER TAFEL

MÜNCHEN
VERLAG VON J. F. BERGMANN
1929

ISBN-13:978-3-642-94032-3        e-ISBN-13:978-3-642-94432-1
DOI: 10.1007/978-3-642-94432-1

Sonderausgabe aus „Ergebnisse der Physiologie",
herausgegeben von L. Asher und K. Spiro, Bd. 29.

# Vorwort.

Die Bedeutung des Gestaltproblemes reicht über den Rahmen einer
Einzelwissenschaft hinaus. Deshalb ist es wichtig, dass sich Forscher verschiedener Sondergebiete um seine Klärung bemühen. Diese Sachlage ist
zugleich der Grund, der es angebracht erscheinen liess, die vorliegende
Abhandlung, die im Auftrage von Herrn Professor Asher zunächst für die
„Ergebnisse der Physiologie" geschrieben wurde, auch in Buchform zu ver-
öffentlichen.

Der ursprüngliche Text wurde hier unverändert neugedruckt; nur ist er
durch ein Namen- und Sachverzeichnis, sowie eine Bibliographie vervollständigt
worden. Die auf besonderen Wunsch des Verlegers hinzugefügte Bibliographie
habe ich im Anschluss an den Sanderschen Kongressbericht (Bonn 1927)
bearbeitet. Die Literaturangaben sind in zwei Gruppen geordnet. Die Reihe A
enthält Abhandlungen, die Wesentliches zur Theorie der Gestalten beitragen,
sowie historische und zusammenfassende Darstellungen. Unter B sind ausser
den experimentellen Untersuchungen auch theoretische Arbeiten, die sich
nur mit einer Teilfrage beschäftigen oder das Gestaltproblem lediglich streifen,
genannt.

**R. Matthaei.**

# Inhaltsverzeichnis.

# Das Gestaltproblem.

Von

**Rupprecht Matthaei** (Bonn).

Mit 24 Abbildungen im Text und einer Tafel.

> Motto: „Bei jeder Arbeit kommt es in erster Linie auf die Ge-
> danken an. Eine experimentelle Studie, eine neue Beobachtung,
> ein zusammenfassendes Werk hat keinen Wert und keine Wir-
> kung ohne Gedanken, welche die Bedeutung, den Zusammen-
> hang erkennen lassen“. Max Verworn (1908).

## Literaturhinweise.

Das folgende Verzeichnis enthält absichtlich möglichst wenig Angaben. (Einzelhinweise
befinden sich in den Fussnoten des Textes.) Ich habe versucht, hier nur die grundlegenden und
zusammenfassenden Abhandlungen zu nennen. Die Nummern 11, 12, 16, 18, 19, 22 führen
Arbeiten auf, die — besonders übersichtlich geschrieben — geeignet sind, auch den Fern-
stehenden einzuführen. Die ersten sechs Nummern enthalten Hinweise auf die Geschichte des
Gestaltproblems. Die weitern Abhandlungen sind nach Gruppen verwandter Richtungen zusammengestellt. (Hinweise auf dieses Verzeichnis bringen die im Text eingeklammerten Zahlen.)

1. *Kreibig, J. K.*, Die intellektuellen Funktionen. 111ff. Leipzig 1909. — 2. *Gelb, A.*,
Theoretisches über Gestaltqualitäten. Z. Psychol. 58, 4ff. (1911). — 3. *Kleint, H.*, Die psychischen Formen, Bemerkungen zur Theorie und Einteilung der psychischen Erscheinungen. Arch.
f. Psychol. 54, 469 (1926). — 5. *Henning, H.*, Psychologie der Gegenwart. Lebendige Wissenschaft. 2. Berlin 1925. — 5. *Krüger, F.*, Über psychische Ganzheit. Neue psychologische Studien.
1, 1. München 1926. — 6. *Bühler, K.*, Die Krise der Psychologie. Jena 1927.

7. *v. Ehrenfels, Chr.*, Über Gestaltqualitäten. Vjschr. wiss. Philos. 14, 249 (1890). —
Neudruck in „Das Primzahlengesetz“. 6—11, 77—95. Leipzig 1922. Dort auch „Weiterführende
Bemerkungen“ 95—111. — 8. *Höfler, A.*, Gestalt und Beziehung — Gestalt und Anschauung.
Z. Psychol. **60**, 161 (1912). — 9. *Seifert, F.*, Zur Psychologie der Abstraktion und Gestalt-
auffassung. Z. Psychol. **78**, 55 (1917).

10. *Sander, F.*, Über Gestaltqualitäten. 8th internat. Kongress of Psychol. Groningen
**1926**. Proc. a. Papers Groningen 1927, 183. — 11. *Sander, F.*, Experimentelle Ergebnisse der Gestaltpsychologie. Ber. 10. Kongress exper. Psychol. Bonn **1927**. Jena 1928, 23. (Dort ausführl.
Literaturverzeichnis.) — 12. *Volkelt, H.*, Fortschritte der experimentellen Kinderpsychologie. Ber. 9. Kongress exper. Psychol. München **1925**. Jena 1926. Auch als Sonderdruck! —
13. *Ipsen, G.*, Über Gestaltauffassung. (Erörterung des Sanderschen Parallelogramms.) Neue
psychologische Studien 1, 167. München **1926**.

14. *Köhler, W.*, Die physischen Gestalten in Ruhe und im stationären Zustand. Braun-
schweig 1920. — 15. *Köhler, W.*, Gestaltprobleme und Anfänge einer Gestalttheorie. Jber. gesamte Physiol. III 1, 512. Berlin 1925. — 16. *Köhler, W.*, Komplextheorie und Gestalttheorie.
Antwort auf G. E. Müllers Schrift gleichen Namens. Psychol. Forschg 6, 358 (1925). —
17. *Wertheimer, M.*, Untersuchungen zur Lehre von der Gestalt. Psychol. Forschg 1, 47 (1922)
und 4, 301 (1923). — 18. *Wertheimer, M.*, Über Gestalttheorie. Symposion H. 1, Erlangen 1925.
19. *Koffka, K.*, Psychologie. In M. Dessoir, Lehrbuch der Philosophie 2. Die Philosophie

in Einzeldarstellungen 493—603. Berlin 1925. — 20. *Koffka, K.*, Psychologie der Wahrnehmung.
8th internat. Kongress of Psychol. Groningen **1926**. Proc. a. Papers Groningen 1927, 159.
  21. *Hamburger, R.*, Neue Theorie der Wahrnehmung und des Denkens. Berlin 1927.
  22. *Matthaei, R.*, Der Begriff der Gestalt und seine biologische Bedeutung. Natur und
Museum. 57. Ber. Senckenbergische naturforsch. Ges. Frankfurt a. M. **1927**, 27.

Es mag wunder nehmen, dass in den „Ergebnissen" der Physiologie
eine Abhandlung über ein „Problem" erscheint, das obendrein vornehmlich
Psychologen bearbeiteten. Ich möchte nun dieses Unterfangen nicht etwa
mit dem Hinweise rechtfertigen, es dürfe ein Problem wohl selten (oder nie?)
als wirklich gelöst gelten und doch liesse sich auf dem Wege zu seiner Lösung
immerhin manches Einzelergebnis abrunden. Mir kommt es gerade darauf
an, zu zeigen, dass schon Gewinnen und volles Erfassen einer neuen Frage-
stellung „Ergebnis" sein kann und zwar dann, wenn sich damit neuartiges
Denken anbahnt. Namentlich bezüglich des Gestaltproblems liegen die Dinge
so: Dieses Fragen, zuerst von Philosophie und Psychologie gefunden, eröffnet
neue Ausblicke auf ureigentlich biologische Rätsel. Wenn ich in diesem
Zusammenhange das Wörtlein „neu" verwende, so höre ich manchen Kenner
im Lager der Philosophen und Psychologen wie auch der Biologen wider-
sprechen. Demgegenüber braucht man nicht Ben Akiba zu zitieren. Für den
Nutzeffekt jener Anschauungen ist es wichtig, dass man ihre neuen Seiten zu
sehen sucht. Es ist notwendig zu erkennen, dass es in der Entwicklungsphase,
die die biologischen Wissenschaften heute kennzeichnet, an der Zeit ist, diese
Fragen aufzuwerfen. Hier will etwas von jenem reformatorischen Schwung
wirksam werden, der ein „von Neuem Geboren-werden" fordert![1] —
    Meine Absicht ist es daher nicht, ein irgendwie vollständiges Referat
der experimentellen Ergebnisse der Gestaltpsychologie zu geben, so bedeu-
tungsvoll sie unmittelbar für die Sinnesphysiologie sind. Das erübrigt sich
auch, weil darüber erst 1927 Sander auf dem X. Kongress für experimentelle
Psychologie in Bonn ausführlich berichtet hat. Ebenso möchte ich die Frage
nach der Geschichte des Problems beiseite lassen. Diesbezüglich mag der
Leser in den zu Beginn aufgeführten Quellen Aufschluss suchen. Dort habe
ich auch einige Autoren genannt, die sich mit der gegenwärtigen „Krise der
Psychologie" auseinandersetzen. Ich sehe meine Aufgabe vielmehr darin,
den wesentlichen Gedankeninhalt zum Aufbau einer Gestalttheorie
darzustellen. Auch in dieser Richtung liegt naturgemäss schon manche Zusammenfassung vor, „naturgemäss", denn es handelt sich bei den Bemühungen
um eine Gestalttheorie ja gerade um das Wiedervortreten synthetischer
Arbeitsweise. Die Biologie der Gegenwart besitzt ebenfalls das Bedürfnis
zur Synthese: nach fast ein Jahrhundert lang vorherrschender Analyse, die
die Lebenserscheinungen in Organ- und Zellvorgänge aufzulösen suchte, ent-

---

[1] Man könnte es geradezu als Symbol nehmen, dass Kinder in der Tat besonders befähigt
sind, Ganzheiten zu erleben.

deckt sie von neuem den Organismus als ein Ganzes. Die mit diesem Front-wechsel notwendig gewordene Revision ihrer Methoden weist die Biologie auf die verwandten Bestrebungen in der Psychologie. Damit wird gleich-zeitig, wie ich anzudeuten versuchen werde, eine neue Stellung zur Psychologie in der Biologie vorbereitet, nachdem auch die Medizin wieder engere Fühlung mit psychologischen Fragen verlangte. Das mag zur Rechtfertigung des vor-liegenden Versuches vorerst genügen.

Der Hauptteil der Arbeit wird über das philosophisch-psychologische Problem berichten. Es soll darin zunächst ausschliesslich von Gestalten als Erlebnisgegenständen die Rede sein. Mittels einer negativen Heraushebung des Besonderen werde ich zeigen, dass Gestalten analytisch überhaupt nicht fassbar sind. Dann werde ich auf die positiven Kennzeichen eingehen, die dem Gefüge der Gestalten eignen. Hier werden anschauliche Beispiele un-umgänglich, die ich gerade ihrer unmittelbaren Vorführbarkeit wegen aus dem optischen Gebiete wählte[1]. Jedoch werden Hinweise nicht unterbleiben, die die Allgemeinheit von Gestaltphänomenen in der Wahrnehmung sämt-licher Sinnesgebiete erschliessen lassen. Aus der Schilderung des Gefüges ergibt sich endlich die Möglichkeit, ein allgemeines Gestaltgesetz heraus-zuarbeiten, das sich zugleich auf das Werden von Gestalten, die „Gestaltung", erstreckt. Damit wird die Übertragung auf biologische Tatbestände vorbereitet. Hierzu ist noch der Versuch einer Abgrenzung zwischen subjektiven und ob-jektiven Gestalten, vor allem aber der Nachweis physischer Gestalten not-wendig. Abschliessend versuche ich einige biologische Ausblicke. Hier muss ich mich freilich auf Andeutungen beschränken, um nicht allzusehr den Rahmen der „Ergebnisse" zu überschreiten.

Die Hauptsätze der Gestaltlehre habe ich unter 1—13 durchlaufend auf-geführt. Es sind Ergebnisse, die ich für erwiesen halte. Sie sind derart ge-ordnet, dass sie aufeinander aufbauen, wobei bisweilen ein später genannter Satz einen früheren mit einschliesst. Ihrem Wesen nach sind es empirische Sätze, denen jedesmal ihre Beweisführung folgen soll. Wenn im Verlaufe der Abhandlung auf die Hauptsätze verwiesen wird, soll mit dem Hinweis gesagt sein, dass das besprochene Beispiel den betreffenden Satz belegt. Nicht etwa werde ich die Sätze nach Art von Axiomen verwenden, aus denen sich dieser oder jener einzelne Tatbestand ableiten lässt.

# Ganzheit negativ bestimmt.

## 1. Gestalt ist nicht Summe.

Um das Eigenartige der Gestalt recht eindringlich klar zu machen, hat v. Ehrenfels (7) eine merkwürdige Überlegung angestellt. Die Töne eines

---

[1] Eine ganze Reihe von Abbildungen, die diese Abhandlung enthält, ist neu. (Abb. 1, 8, 9, (10), 13, 17, 18, 19, 20, 23, sowie die Tafel.)

kurzen Musikstückes seien einmal einem Individuum in ihrem natürlichen Zusammenhang vorgetragen; sodann aber sei jeder Einzelton mit seiner besonderen zeitlichen Bestimmtheit je einem anderen Hörer getrennt gegeben. Die Summe der Bewusstseinseinheiten von den Einzeltönen ist dann um etwas ärmer als das eine Bewusstsein, das die Vorstellung der ganzen Melodie umfasst. Für das „Mehr", das einen derartigen Vorstellungskomplex vor der Summe von Einzelbewusstheiten auszeichnet, hat v. Ehrenfels den Namen „Gestaltqualität" eingeführt. Abgesehen von der Fragwürdigkeit, die in der Voraussetzung liegt, es liessen sich die Bewusstseinsinhalte verschiedener Individuen addieren, bleibt in dieser Überlegung noch zweierlei unsicher. Besitzen die Individuen, die jeweils nur einen Ton vernahmen, wirklich isolierte Bewusstseinseinheiten, und ist in dem Augenblick, in dem ich eine Gesamtmelodie erfasse, wirklich die Summe ihrer Einzeltöne gegenwärtig? Mögen diese Bedenken zunächst einmal zurückstehen, so erkennt man immerhin, dass die v. Ehrenfelssche Gestaltqualität auf einen eigentümlichen Tatbestand am Musikstücke abzielt, nämlich auf das, was wir gewöhnlich Melodie nennen. Darüber hinaus wird in dem beschriebenen Denkexperiment behauptet: Melodie ist nicht schlechthin Summe von Tönen; jene Gruppe von Menschen, die sämtliche Einzeltöne getrennt hörten, hat zusammengenommen keine Ahnung von der Gestaltqualität des Ganzen. Den Beweis für diese These erbringt v. Ehrenfels indessen mit dem Hinweise auf die Transponierbarkeit.

Die Transponierbarkeit bedeutet eine Invarianz der Gestalt bei durchgängiger Veränderung der ihr als Grundlage dienenden Stücke. So können z. B. die Töne einer Liedzeile bei Übertragung in eine andere Tonart derart durch andere Töne ersetzt werden, dass in der neuen Form kein einziger Ton wieder vorkommt, der in der ersten Tonart benutzt wurde. Trotzdem bleibt die Melodie unverändert. Sie wird nach der Transponierung auch von Musik-Unkundigen sofort wiedererkannt. Wenn also die Gestalt erhalten bleiben kann, obwohl sich alle ihre Stücke verändert haben, dann kann sie nicht Summe dieser Stücke sein! Andererseits können alle Töne und ausserdem der charakteristische Rhythmus des Ganzen gewahrt werden, und man wird doch eine ganz veränderte Melodie erzielen, wenn man nur einige wesentliche Vertauschungen vornimmt: die Gestaltqualität ist dann verändert, obwohl die Summe der Teile dieselbe blieb. Die Art der Transponierung ist mithin nicht beliebig. Es ist eine Sonderfrage, die in das Gefüge der Gestalten hineinführt und wohl zunächst nur in Einzelfällen beantwortet werden kann, welchen Regeln die Abwandlung der Stücke folgen muss, damit dieselbe Gestalt fundiert bleibe. Hier sei zunächst nur die Möglichkeit einer von den Stücken unabhängigen Invarianz des Ganzen hervorgehoben. Die Feststellung, die Grundlage der Gestalt sei transponierbar, ist der Kern des Beweises, den v. Ehrenfels für die Eigenart der Gestaltqualität erbrachte. Etwa 20 Jahre vor ihm, hat Ernst Mach[1] bereits ausdrücklich das wesentliche Problem des Gestaltensehens in die Frage zusammengefasst, „woran es liege, dass geometrisch ähnliche Gebilde auch optisch ähnlich seien". Merkwürdigerweise wird die Transponierbarkeit gerade für optische Gestalten neuerdings bezweifelt. Daher lehnt sie auch Lindworsky[2] als allgemeines Gestaltkriterium ab. Er meint: „wenn Tonintervalle als einfache Gestalten gelten, so müssen auch Farbintervalle als solche anerkannt werden. Sie sind aber nicht transponierbar". Demgegenüber könnte man darauf hinweisen, dass der ästhetische Teil von Goethes Farbenlehre auf der Überzeugung einer Transponierbarkeit von Farbintervallen ruht. Denn die Transponierbarkeit begründet erst die Berechtigung, bestimmte Gruppen jeweils im Goetheschen Farbenkreise gleich abständiger Farbenpaare als harmonische, charakteristische oder charakterlose Zusammenstellungen zu beschreiben. Den Beweis für transponierbare Farbintervalle, die als Ganze erfasst werden, dürften Köhlers[3] Versuche mit Schimpansen liefern. Köhler hatte z. B. einen Schimpansen gegenüber einem unbunten Farbenpaar auf die Wahl des Hellgrau dressiert. Wenn er nun im („kritischen") Kontrollversuch ein Weiss neben das Hellgrau stellte, dann wählte der Affe das Weiss und mied die Farbe, die in dem Lernversuch die bevorzugte war. Wenn weiterhin neben dem Dunkelgrau der Dressurfarben ein Schwarz erschien, dann entschied sich das Tier für das Dunkelgrau, das im ersten Farbenpaare nach erfolgter Dressur regelmässig abgelehnt wurde. (Ähnliche Versuche wurden mit Buntfarben zwischen Rot und Blau, sowie zwischen Gelb und Rot ausgeführt.) Es stellte sich also heraus, dass die Anthropoiden (entsprechendes wurde von Köhler und von Jaensch[4] an Hühnern und Kindern festgestellt!) nicht die Einzelfarbe gelernt hatten, sondern das eigentümliche „Zueinander" der Farben im Ganzen des Farbenpaares. Jenes Zueinander wird dann sinngemäss transponiert, so dass die ursprünglich zu wählende Farbe die Rolle der zu meidenden, die nach den Lernversuchen zu meidende die Rolle der bevorzugten Farbe einnehmen kann. Gewöhnlich wird die Transponierbarkeit optischer Gestalten mit dem Hinweise auf geometrisch ähnliche Figuren oder auf die Unabhängigkeit des Dargestellten von dem verwendeten Material begründet. Mach hat schon derartige Tatbestände beschrieben. Recht deutlich wird die Berechtigung der oben wiederholten paradoxen Form, die er dem Problem optischer Gestalten gab, durch die Vorführung eines Falles von geometrisch kongruenten Figuren, die dennoch phänomenal durchaus verschieden sind. Mach zeichnet zwei kongruente Quadrate, die indessen

---

[1] E. Mach, Die Analyse der Empfindungen, 6. Aufl. Jena 1911, 90, Fussnote.

[2] J. Lindworsky, Theoretische Psychologie im Umriss. Leipzig 1926. S. 88.

[3] W. Köhler, Nachweis einfacher Strukturfunktionen beim Schimpansen und beim Haushuhn. Abh. preuss. Akad. Wiss., Physik.-math. Kl. Nr 2. Berlin 1918.

[4] E. R. Jaensch, Einige allgemeinere Fragen der Psychologie und Biologie des Denkens, erläutert an der Lehre vom Vergleich. Leipzig 1920.

verschieden gelagert sind: die Seiten des einen sind lotrecht-wagrecht angeordnet; das andere steht übereck, seine Diagonalen würden die gleiche Richtung wie die Seiten des ersten haben. Mach stellt mit Recht fest, dass diese beiden Quadrate in der Erscheinung (er sagt „physiologisch") „ganz verschieden" sind, und dass sie „ohne mechanische und intellektuelle Operationen niemals als gleich erkannt werden können". Dieses Beispiel sei vorerst nur zur Veranschaulichung der Eigenart des Problems beschrieben; ich werde noch auf seine Bedeutung zurückkommen. — Ein regelmässiges Fünfeck sei einmal als schwarze Umrisszeichnung auf weissem Grund, daneben parallel gelagert als rote Fläche ausgeführt: Die konstituierenden Stücke sind völlig verschieden, und doch bilden sie dieselbe Gestalt. Es ist leicht, noch in anderen Sinnesgebieten die Transponierbarkeit von Gestalten aufzuzeigen. Werden unsere Glieder passiv nach dem Plane einer einfachen geometrischen Figur bewegt, so erkennen wir sie weitgehend unabhängig von der Grösse der ausgeführten Bewegung. Sogar Übertragungen von Gestalten, die aus den Wahrnehmungen eines Sinnes bekannt sind, in ein anderes Sinnesgebiet sind möglich. Wir können Zahlen, die uns mit dem Finger auf eine beliebige Hautstelle geschrieben werden, ohne hinzublicken erfassen. Börnstein[1] hat den Versuch gemacht, die Möglichkeit, transponierbare Ganzheiten zu vermitteln, als Kennzeichen für die „Höhe" eines Sinnes zu verwenden. Er macht es wahrscheinlich, dass der Geruchsinn keine transponierbaren Gestalten kennt. Trotz ihrer Verbreitung wird die Transponierbarkeit von manchen Psychologen nicht als Gestaltkriterium gewürdigt. So vermeidet auch Koffka in seinem Übersichtsbild der neuen Psychologie (19) überhaupt den Terminus. Aber er bringt doch den Tatbestand bei der Besprechung von Denkgestalten. „Hat das Kind „gross" als Gegenteil von „klein" kapiert, so besteht eine Gestaltdisposition nicht nur für dieses Begriffspaar oder für ähnliche, sondern es hat damit die Gestalt Gegenteil überhaupt erworben" (S. 572). Ganz entsprechend fand auch Köhler, dass nach lange fortgesetzten vergeblichen Versuchen, einen Schimpansen auf die Wahl zwischen zwei roten Farben zu dressieren, die Entscheidung sofort gelang, nachdem der Affe an zwei stärker verschiedenen Farben die Aufgabe einmal begriffen hatte. Die letztgenannten Beispiele machen es verständlich, dass die Betrachtung der Transponierbarkeit v. Ehrenfels dazu führte, allen abstrakten Begriffen Gestaltqualität zuzuschreiben. Analog hat Spearman[2] die Gestalt, die eine Erscheinung „besitzt"[3], als das von ihrem Einzelbestande Abstrahierbare gekennzeichnet.

---

[1] W. Börnstein, Über den Geruchsinn. Dtsch. Z. Nervenheilk. **104**, 55 (1928).

[2] C. Spearman, Two Defects in the Theory of „Gestalt". 8th internat. Kongress of Psychol. Groningen 1926.

[3] „We cannot properly say that the latter" (an angle) „is a shape, but only that it has one."

## 2. Gestalt ist nicht Beziehung.

Gerade das Kriterium der Transponierbarkeit von Gestalten kann zu der Annahme verleiten, Gestalten liessen sich vielleicht als Summe von Beziehungen zwischen den sie konstituierenden Stücken verstehen. Wenn Köhler (16, S. 383) jenes Kennzeichen gelegentlich dahin ausdrückt, „dass das Spezifische einer Gestalt im allgemeinen invariant bleibt, wenn nur die (gegenständlich verstandenen) Beziehungen der Reize zueinander erhalten bleiben", so kann dies wohl in der gleichen Richtung missverstanden werden. In der Tat hat Gelb (2) vorübergehend die Auffassung vertreten, dass (wie es Marty gesagt hatte) „das Eigentümliche der Gestalt sich in Verhältnissen erschöpfe". Dem hat sodann Höfler (8) die These dieses Paragraphen entgegengestellt.

In unserem Bewusstsein kann das Zueinander von Farben oder Tönen in zweierlei Art erscheinen: als Gestalten und als (wahrgenommene) Verhältnisse zwischen den Phänomenen. Im besonderen Falle würden etwa erfasst auf der einen Seite eine Melodie, ein Farbenklang, auf der anderen Verschiedenheitsrelationen. Hier wäre zu untersuchen, ob sich etwa die Gestalten in Vielheiten von Relationen auflösen lassen. Wie Höfler ausführt, sind die Relationen „nicht nur in einer Hinsicht zu wenig, um die Gestalt aus sich allein auszumachen, sondern in anderer Hinsicht sind es ihrer auch wieder zu viel". Zu wenig sind sie, denn der Musikalische erlebt zweifellos „mehr" in einer Symphonie als der Unmusikalische, wenn dieser es auch durch Studium dahin gebracht hat, ausser den Tönen noch eine ganze Reihe von Relationen zwischen ihnen zu erfassen. Sollte man da annehmen müssen, dass der Musikalische lediglich mehr Relationen hört? „Wäre es nicht vielmehr denkbar, dass gerade der Melodietaube sich einen Ersatz ... durch logisches Herausarbeiten möglichst vieler von den durch die einzelnen Tönen bestimmten Tonrelationen zu ersetzen sucht, so dass er hierin sogar weit mehr leistet, als der Musikalische je zu leisten nötig findet?" Höfler findet es fraglich, „ob solche Berechnungen der Anzahl von Relationen, die neben den Tönen aufgefasst wurden, auch noch einen Musikalischen und nicht eben doch nur den Unmusikalischen als getreue Beschreibung seines Erlebnisses befriedigen". Zu viel Relationen sind andererseits möglich zwischen den Bestandstücken einer Gestalt, als dass man sie alle in dem Gestalterlebnis enthalten denken könnte. Vier Tupfen in der Anordnung von Quadratecken seien als absolute Glieder einer Gestalt gegeben. Dann gibt es zwischen ihnen 6 Abstandsrelationen, 12 Richtungsrelationen; je zwei Abstände, die den Seiten entsprechend gleich sind; diese sind kleiner als die Diagonalen. Dazu kommen Zahlenrelationen, die die Grössenverhältnisse bestimmen, und endlich Relationen höherer Ordnung zwischen den genannten Relationen. Wenn man also Gestalt der Summe von Relationen gleich setzen will, so ist es notwendig, eine Auswahl zu treffen, die angibt, welche aus dieser schier unzählbaren Menge die für die Gestalt entscheidenden Relationen sind. Es muss weiter erklärt werden, was

diese gestaltfundierenden Relationen vor den anderen auszeichnet. v. Ehrenfels hat die gleiche Schwierigkeit bezüglich der während des Erklingens
einer Melodie entstehenden Einzelgestalten berührt. Es müsste ja hier auch
eine phantastische Vielheit auftreten. Aber diese wird abgelöst, „wenn nach
dem Verklingen des letzten Tones die in sich um so vieles einheitlichere Gesamtmelodie als Ganzes vor uns steht". „Das Ende der Melodie ist nicht deren
Ziel; aber trotzdem: hat die Melodie ihr Ende nicht erreicht, so hat sie auch
ihr Ziel nicht erreicht" (Nietzsche).

So habe ich in Diskussionen oft erlebt, dass derjenige, der es unternimmt, die Gestalt als Summe von Relationen zu fassen, gezwungen ist, dazu
noch eine besondere übergreifende, das Ganze umspannende „Gesamtrelation"
anzunehmen. Sehr merkwürdig ist ein Satz, den v. Ehrenfels als Antwort
auf Martys Einwand in den weiterführenden Bemerkungen zu seiner grundlegenden Abhandlung schrieb. „Die Auffassung der Gestaltqualität als Summe
aller Relationen zwischen den Elementen ihrer Grundlage ist so übel nicht
und verträgt sich mit allen wesentlichen Konsequenzen der Gestalttheorie
— wenn man nur den Gedanken nicht fahren lässt, dass jede Summe als solche
doch wieder ein eigentümliches Ganzes darstellt". Das ist offenbar ein Zirkel,
denn es bleibt doch ausser den Relationen noch ein Eigentümliches, das eben
den Gestaltbegriff forderte. Es lässt sich aber auch zeigen, dass Relationswahrnehmungen gar nicht zur Erfassung einer Gestalt notwendig sind. So
betont z. B. Köhler [1], „dass maximal charakteristische Gestaltwirkungen
möglich und häufig sind, wenn zugleich von einem Beziehungsbewusstsein
überhaupt keine Rede sein kann". Es sind, wie Höfler feststellt, zwei heterogene Vorstellungsgegenstände, denen sich zweierlei psychische Akte zuwenden,
„nämlich der Kreisgestalt das (ästhetische) Anschauen, den Kreisbeziehungen
das (geometrische) Denken". „Auch die zwei Augen, zwei Ohren, zwei Mundwinkel eines schönen Kopfes zählen wir ja nicht, während wir uns seines
Anblickes ästhetisch erfreuen".

Wenn die herangeführten Argumente erweisen, dass Gestalt jedenfalls
nicht reduzierbar ist auf eine Summe von Relationen, so ist damit das
grundlegende Problem ihres Verhältnisses zu den Relationen noch nicht
erschöpft. Schon Höfler hat die Frage aufgeworfen, „ob z. B. der einzelne
Hörer eines jene Sequenzen und Wiederholungen in sich fassenden Tonstückes sich dieser Gleichheitsrelationen, dieser Anzahlen, in denen sich
die einzelne Tonfigur wiederholt..., sozusagen relationsmässig oder auch
schon wieder gestaltmässig bewusst wird". In der Tat scheint heute
die Mehrzahl der Gestaltpsychologen die Verhältniswahrnehmung als eine
besondere Form der Gestaltwahrnehmung anzusehen, welche Meinung übrigens
v. Ehrenfels selbst bereits angedeutet hatte. Es gilt dann diese Art von
Gestalterfassung, nämlich die Relationswahrnehmung, zu kennzeichnen.

_______

[1] An dem S. 5 angeführten Orte S. 13.

Das tut Koffka (19) an dem Beispiel zweier gleich langer Striche, die wie Rechteckseiten parallel laufen. In dem Augenblicke, in dem ich sie als gleich erkenne, habe ich die an sich getrennten Stücke in Verbindung miteinander gebracht: ich sehe sie als Glieder einer Gestalt, als Rechteckseiten. Aber — und das ist das wesentliche der Relationserfassung — diese Linien sind betonte Glieder der Gesamtgestalt, aus der sie entgegen dem „natürlichen Druck" der Gestalt „herausgehoben" wurden, wobei eine gewisse „Spannung" zwischen den verglichenen Stücken herrscht. Damit wäre die angefochtene These, Gestalt sei Summe von Beziehungen, umgekehrt: Beziehungswahrnehmungen sind eine Gruppe von Gestalten. Eine zergliedernde („alte") Psychologie würde die Stücke selbstverständlich als die Elemente ansehen, die weiterhin zu Relationen führen, die ihrerseits insgesamt zu Gestalten zusammengefasst werden. Dann würde der hier bekämpfte Standpunkt schematisch etwa so aussehen: St → R → G. Dagegen stellt die Gestaltpsychologie, wie noch gezeigt werden soll, die Ursprünglichkeit der Gestalterfassung fest, aus der erst sekundär einzelne Stücke herausgehoben werden können, die eine Relation bilden. G → (St → R). (Daneben wird gewiss auch das Schema (R = G) → St einem phänomenalen Tatbestande entsprechen.) Im gegebenen Falle können mithin Beziehungen (in verschiedenem Umfange) mit in die Gestalt „eingehen", aber stets bleibt die Gestalt etwas für sich Fassbares.

Plangemäss habe ich bisher von Relationswahrnehmungen in ihrem Verhältnis zum Gestalterlebnis gesprochen. Davon zu trennen ist die Frage nach der Rolle der nicht erkannten, durch das Objekt bestimmten Relationen. Dies Problem rührt an die Scheidung zwischen objektiver und subjektiver Gestalt, die ich zunächst zurückstellen möchte. Gewiss kann die „Grundlage der Gestalt" (v. Ehrenfels) aus der Kenntnis der konstituierenden Stücke und ihrer Relationen konstruiert werden; aber selbst bei der einfachsten geometrischen Figur ist vermutlich in der Vorstellung des Zeichners doch stets das Ganze, das er konstruiert, mit seiner eigentümlichen Gestaltqualität als Ziel vorhanden. Aus isolierten Stücken und ihren Beziehungen wird die Gestalt nie verstanden. Kreibig (1) bezeichnet die Gestaltqualität als „ein anschaulich erfasstes Erzeugnis der zugrunde liegenden (oft nicht explizite erkannten) Beziehungen". Damit wird treffend zum Ausdruck gebracht, dass die Gestalt etwas nicht einfach aus ihren Teilen und Relationen Zusammenfügbares, sondern etwas Neues ist, wie ein neues Individuum organischer Zeugung.

### 3. Gestalt ist nicht Zusatzerscheinung.

Schon jenes merkwürdige Denkexperiment v. Ehrenfelsens, das zu der Entdeckung führte, Gestalt sei „mehr" als die Summe ihrer Teile, konnte den Irrtum heraufbeschwören, sie sei als Zusatzerscheinung dieser vorhandenen Summe nachträglich hinzufügbar (18). Jene Theorien einer Übergangszeit, wie sie Sander (11) genannt hat, versuchen tatsächlich die neue Einsicht irgendwie in die herrschenden Grundanschauungen von der Existenz primärer psychischer Elemente einzupassen. Es wird, der atomistischen Einstellung getreu, nur noch ein Neues dazu gesetzt, ein ganzmachender Faktor, der die Elemente zusammenfasst, bestenfalls eine „schöpferische Synthese" (Wundt), die aber doch wieder aus den durch Analyse erhaltenen Stücken sich aufbauen soll. Die grundsätzliche Überwindung der Vorstellung einer „Undsumme" (Wertheimer), die vorangestellten Überlegungen zur Transponierbarkeit und die wiedergegebenen Gedankengänge Höflers lassen indessen die These, die Gestalt sei nichts Hinzutretendes, sie sei keine blosse Zusatzerscheinung, bereits fast selbstverständlich erscheinen. Endgültig fallen aber die erwähnten Hilfsannahmen durch den Nachweis des Primates der Gestalt und der phänomenalen Unwirklichkeit der Summe (Sätze 5, 6). An dieser Stelle sei nur noch eine kennzeichnende Formulierung Wertheimers (17) wiederholt. „Nicht also sind „Gestalten" hier „zur Summe hinzukommende Inhalte", auf primär gegebenen Stücken sich „subjektiv aufbauende", kontingente, „nur subjektiv bedingte", „beliebige" Gebilde; nicht einfach blinde, weitere „Qualitäten", im Grunde ebenso stückhaft und unbehandelbar wie die „Elemente"; nicht bloss etwas „zu einem Material hinzukommendes", „bloss Formales"; sondern es handelt sich um Ganze und Ganzprozesse mit vielfach sehr bestimmten inneren, sachlichen Gesetzlichkeiten, um Strukturen mit konkreten Strukturprinzipien". Den Beweis sollen die folgenden Ausführungen erbringen.

Wenn nun die Gestalten nicht Summe und nicht Beziehungen sind, so entsteht für die Untersuchung und Beschreibung eine eigenartige Schwierigkeit. Gestalten können nicht im üblichen Sinne analysiert werden. Es wird noch gezeigt, dass eine Zerlegung sie geradezu zerstört. „Wer das Ganze in seinen Teilen sucht, hat dadurch das Ganze schon verloren; wer die Einheit aus dem Zusammensein begrifflich bestimmter Elemente erklären will, kann die lebendige Anschauung jener Einheitlichkeit nicht gleichzeitig festhalten" [Münsterberg nach Kleint (3)]. Rubin[1] fordert eine adspektive Psychologie, die, ihrem Wesen nach weder analytisch noch synthetisch, sich gerade den Gestalten zuwendet. Es kommt darauf an, die in der Wirklichkeit vorfindbaren Gebilde von verschiedenen Seiten aus anzuschauen. Jeder „Adspekt" ist „etwas eine Ganzheit betreffendes". Dabei scheint es fast willkürlich, welche Seite zuerst betrachtet wird. Die Schwierigkeit mehrt sich für die Beschreibung durch den innigen Zusammenhang aller jener Adspekte im Ganzen. Deshalb wird es oft nötig, eine Lücke zu lassen, die erst durch später Folgendes ausgefüllt werden kann. Ganzheitsgemäss wäre ein Verfahren, das mir als Muster vorschwebt, wie es der Maler einschlägt. Eine flüchtig hingeworfene Skizze des Ganzen wird mehr und mehr ausgearbeitet, wobei der

<hr>

[1] E. Rubin, Über Gestaltwahrnehmung. 8. internat. Kongress Psychol. Groningen 175.

Maler möglichst immer alle Teile gleichmässig fördert; das Bild sieht auf jeder Stufe seines Werdens fertig aus, — bis das Gemälde sich in seiner ganzen anschaubaren Selbstverständlichkeit bietet. Vielleicht wird man am Ende sagen, es müsse einem derartig schrittweisen Vorgehen doch eine Art Analyse voraufgegangen sein; dann aber ist es eine, die durch Gestalteinsicht geleitet wurde!

# Das Gefüge der Gestalten.

## 4. Gestalten sind mehrheitliche, gegliederte Ganze.

Die Thesen der Sätze 1—3 gelten nicht nur für Gestalten, sondern für Ganzheiten überhaupt. Daher habe ich die Begriffe Gestalt und Ganzes bisher neben- und füreinander setzen dürfen. Welcher besonderen Art sind nun die Ganzheiten, die wir Gestalten zu nennen pflegen? Dass diese Frage nicht leicht eindeutig beantwortet werden kann, zeigt unter anderem ein Bekenntnis Rubins. „Wenn man — was man stets sollte — die Einstellung hat, dass man sich dafür interessieren muss, Fälle herauszufinden, wo die eigene Definition nicht stimmt, dann ist es mir nicht gelungen, eine befriedigende Definition über die Wahrnehmungsgestalten zu finden". So möchte ich auch an dieser Stelle keine irgendwie erschöpfende Definition geben: die ganze Abhandlung dient ja schliesslich diesem Ziele. Nur eine gewisse Umreissung soll zunächst versucht werden.

Zwei Momente sind namentlich für die Kennzeichnung von Gestalten als besonderen Ganzen herangezogen worden: Mehrheitlichkeit und Abgegrenztheit. Nach Höfler (8) ist „eine Mehrheit, Mannigfaltigkeit von Gliedern" Voraussetzung aller Gestalten, Voraussetzung freilich nicht für sie allein, vielmehr auch für die Undsumme. Entsprechend bezeichnet Köhler (14) es als eine Bedingung für Wahrnehmungsgestalten, dass „die räumlich ausgedehnten Wahrnehmungsfelder in nicht homogener Weise ausgefüllt sind". Für die mehrteiligen Gebilde, die Gestalten heissen, ist es weiter wesentlich, dass sie einheitlich (nämlich Ganze) sind. Es handelt sich um „Mehrheit konkreter Teile, die aufeinander bezogen [1] eine Gestalt aufbauen" [Ipsen (13)]. Damit erhalten die Teile echte Gliedeigenschaften. „Glieder" haben ja nur Sinn innerhalb eines Gesamtgefüges. Glieder sind andererseits relativ selbständig, gegen einander abgegrenzt. Diese Abgegrenztheit wird auch auf das Ganze der Gestalt ausgedehnt. So versteht Sander (11) unter Gestalten ausdrücklich „Teilganze des umfassenden Bewusstseinsganzen mit den Merkmalen der Abgesondertheit und der Auseinandergesetztheit in Glieder". Die Gestalt hebt sich aus dem diffusen Gesamtbewusstsein heraus. Hier wird vielfach auf das Beispiel von Figur und Grund verwiesen,

---

[1] Von mir gesperrt!

und es wird der Figur als dem Abgehobenen, dem in sich geschlossenen Gefüge die Gestaltqualität zugeordnet.

Eine Schwierigkeit entsteht dem genannten Merkmal der Mehrheitlichkeit bei Heranziehung von Beispielen, wie sie etwa der gesehene Kreis vertritt. Sander (10) betrachtet den Kreis als einen Grenzfall „der Aufhebung des Gefügecharakters, der Mehrheitlichkeit des geformten Ganzen in der absoluten Dominanz der Gestaltqualität eines Ganzen, in dem Glieder nur mehr durch willkürliche und nachträgliche Abgrenzung gesetzt werden können". Ein solches Extrem würde nun im Sinne einer strengen Definition schon nicht mehr zu den Gestalten zu rechnen sein. So fordert Ipsen folgerichtig, dass Gestalten „nicht nur für nachträgliche Abstraktion, sondern in ihrer ursprünglichen Gegebenheit[1]" mehrteilig sein sollen. Und doch wird man ungern dem gesehenen Kreis die Gestaltqualität absprechen wollen. Ich glaube, dass sich hier ein Ausweg bietet, wenn man an die geschlossene Abgehobenheit des Kreises erinnert. Da besteht doch Gliederung in Figur und Grund. Freilich würde dann beides in die Gestalt zusammengefasst werden. Mir scheint diese Auffassung zulässig, obwohl ich nicht übersehe, dass die Leipziger Psychologen sie wahrscheinlich ablehnen würden. Für Rubin ist es „Geschmacksache, ob man Figur und Grund so bezeichnet, dass beide Bildungen als zwei verschiedenartige Gestalten mit in die Lehre von Gestalten hineingehören oder ob man nur die Figur als gestaltet und den Grund nicht als gestaltet bezeichnen will". Eine Äusserung Koffkas (20) scheint sich dem gedachten Standpunkt zu nähern: das simultane Wahrnehmungsfeld zerfällt „in scharf voneinander getrennte Gebiete, dadurch gekennzeichnet, dass der Zusammenhang innerhalb jeder dieser Einzelfelder viel stärker ist als der zwischen diesen verschiedenen Einzelfeldern. So sondert sich der Grund von allen daraufliegenden Figuren und diese sondern sich voneinander. Bei aller Sonderung bleibt das Feld aber funktional ein einheitliches Ganzes. Es gibt verschiedene Grade des Zusammenhanges und der Gliederung"[2]. Es wird wohl nichts eingewandt werden können, wenn man den Tatbestand etwa kennzeichnet: „Das Gesichtsfeld ist gestaltet; denn es ist in Figur und Grund gegliedert". Das entspricht Köhlers Forderung der Inhomogenität. Für die Zusammengehörigkeit von Figur und Grund scheint mir aber auch die Tatsache zu sprechen, dass ein Glied Figur- und Grundeigenschaften vereinigen kann. Es kann ein Teil gleichzeitig Grundfunktion für den einen und Figurfunktion für den anderen Teil besitzen. Die Differenzierung dürfte oft überhaupt nicht eindeutig sein. Ich erwähne nur die Erscheinung eines Loches in einem gleichmässig strukturlosen Schirm. Ist das Loch Figur oder Grund? Muss man nicht Loch und Schirm zusammen betrachten, wenn man den

---

[1] Von mir gesperrt.

[2] Auch seine Ausführungen unter Satz 12 passen hier, wenn er Ich und Welt in ein Spannungsgefüge zusammenfasst.

Phänomenen keinen Zwang antun will?[1] Zur Veranschaulichung noch ein Beispiel, das auch für andere Gestalterscheinungen nützlich ist! Versucht man eine stückhaft-analytische Beschreibung des in Abb. 1 Gegebenen, so stellt man eine Reihe schwarzer Flecken fest meist in Form unregelmässig gekrümmter, strichartiger, offener Gebilde. Alle sind von einer weissen Fläche umgeben. Die unbefangene Betrachtung ergibt dagegen sofort inneren Zusammenhang der Stücke in einem gedruckten Text („Bonn/Rh.") und, worauf es hier ankommt, eine Gliederung der weissen Fläche: über die Buchstaben herübergezogen liegt ein weisses Band. Das weisse Feld z. B. zwischen den Teilstücken des zerschnittenen R hat einen ganz anderen Charakter

Bonn/Rh.
Abb. 1.

als etwa die natürliche umschlossene Lücke in dem Oberteil desselben Buchstaben. Beide Stellen des weissen Papieres sind objektiv gleich; phänomenal hat die zuerst genannte Figur-, die zweite Grundcharakter. Wenn man nun das weisse Band, wie es da hell, dicht, abgehoben, aufliegend hervortritt, recht klar in der Anschauung hat, dann rücken die Buchstaben zweifellos der Rolle des Grundes näher. — Nach alledem halte ich die These dieses Abschnittes für allgemein gültig!

### 5. Gestalt ist vor den Teilen (Primat des Ganzen).

Der Primat der Gestalt vor ihren Teilen lässt sich in phänomenaler, funktionaler und genetischer Beziehung erweisen.

Die phänomenale Ursprünglichkeit und Einfachheit der Gestalt hat, wie v. Ehrenfels betont, bereits E. Mach erkannt. Zwei Belege seien hier erlaubt. Der erste umschreibt zugleich die Transponierbarkeit. „Wenn wir zwei Tonfolgen von zwei verschiedenen Tönen ausgehen und nach denselben Schwingungszahlenverhältnissen fortschreiten lassen, so erkennen wir in beiden dieselbe Melodie ebenso unmittelbar durch die Empfindung[2], als wir an zwei geometrisch ähnlichen, ähnlich liegenden Gebilden die gleiche Gestalt erkennen" (S. 232). Diese direkte Erlebbarkeit wird später noch dadurch unterstrichen, dass jedem Tonintervall eine gerade dieses auszeichnende charakteristische Empfindung zugeordnet wird. Die andere Stelle besagt eindeutig, dass das Ganze zuerst wahrgenommen wird. „Der Baum mit seinem grauen harten, rauhen Stamm, den zahllosen im Winde bewegten Ästen, mit den glatten, glänzenden Blättern, erscheint uns zunächst als ein untrennbares Ganze" (S. 84). Derart lauten auch die Aussagen von Versuchspersonen im psychologischen Experiment. Seifert (9) projizierte einfache, aus Punktreihen gebildete Umrissfiguren. Einzelne von den schwarzen Punkten waren durch kleine buntfarbige Zeichen ersetzt. Das Bild wurde $^1/_5$ bis $^1/_2$ Sekunde exponiert. Die Versuchsperson erhielt die Aufgabe, dasjenige Zeichen,

---

[1] Dazu Hamburger (21), S. 173.
[2] Von mir gesperrt!

dessen Farbe vorher angegeben wurde, aufzusuchen und, wenn möglich, seine Form aufzufassen. Trotz dieser Einstellung auf ein Einzelstück enthalten die Erlebnisschilderungen der Versuchsperson wesentliche Aussagen über das Ganze. „Zu allererst habe ich die Anordnung überhaupt bemerkt". „Die Gesamtfigur hat sicher das zeitliche prius vor der Auffassung des Elements gehabt; es war elementar, wie sie sich aufgedrängt hat". „Mit der Gesamtfigur habe ich mich gar nicht befasst. Sie war gar nicht beachtet. Und doch war sie, glaube ich, der allererste Eindruck". Seifert spricht von Aufmerksamkeitsabsorption. Die Gestalt als Ganzes sucht sich an die erste Stelle der Beachtung zu stellen! Ähnlich fand Hedwig Strauss [1], dass sogar ein Gewirr von sich schneidenden Geraden sich auch bei längerer Betrachtung gegenüber den regelmässigen Polygonen behauptet, die an verschiedenen ihrer Durchschneidungen als Unterganze (undurchkreuzt) hineinkonstruiert sind. Ich habe mich überzeugen können, dass bei tachistoskopischer Darbietung regelmässige Dreiecke als derartige Unterganze noch dann von dem übergeordneten Strichgewirr verdrängt werden, wenn ihre Umgrenzungen sich rot von den im übrigen schwarzen Linien abheben. Dabei wird selbst der Eindruck von „etwas Rotem im Gesichtsfeld überhaupt" zunächst unterdrückt. Der erscheinungsmässige Primat der Gestalt ist es, den Höfler (8) zur Verteidigung des von mancher Seite befehdeten Ausdruckes Gestalt-„Qualität" heraufführte. Durch dieselbe „Unmittelbarkeit, mit der eben die Qualitäten im engsten Sinne (also jetzt wirklich die Farben, Tonhöhen, bejahende und verneinende Urteils-, und in etwas übertragenem Sinne auch Gefühls- und Begehrungsqualitäten — im Unterschied u. a. zur direkten und indirekten Messbarkeit der Quantitäten) hingenommen sein wollen", . . . „zeichnen sich auch die Gestalten in dem, was an ihnen eben das Gestaltmässige ist, gegenüber allen durch blosse Relationen Vermittelten aus; infolgedessen sie sich als ein nicht weiter Beschreibbares demjenigen, der es eben unmittelbar aufgefasst hat, darstellen, ja oft ähnlich einem unmittelbaren Sinneseindruck aufdrängen. Daher dann auch der Widerstand solcher, denen gegenüber allem Unzurückführbaren ein Unbehagen (natürlich nur wissenschaftliches) ankommt" (S. 208). Deshalb sprach er auch die dringende Mahnung aus „mit dem schlichten, gänzlich ausser-wissenschaftlichen Musikalischsein, allgemeiner: für-Gestalten-Empfänglichsein, beginnen und über Gestalt oder Nichtgestalt entscheiden zu wollen" (S. 201). Entsprechend dem Verhältnis Glieder — Gestalt ist auch eine Unterordnung der Gestalten gegenüber dem Gesamtbewusstsein, in dem sie eingebettet liegen, vorhanden. Immer hat das umfassendere Ganze den Primat. Veränderungen einer gewohnten Situation, die Umstellung eines Möbelstückes im Wohnraum, die veränderte Haar- oder Barttracht eines Bekannten bemerken wir in der

---

[1] H. Strauss, Untersuchungen über das Erlöschen und Herausspringen von Gestalten. Psychol. Forschg **10,** 57 (1928).

Regel zunächst allgemein, gefühlsartig „da hat sich etwas verändert". Auf die Gefühle, die im Sinne Felix Kruegers als Ganzqualität des Gesamtbewusstseins, als besonders innige Komplexqualitäten, in denen alle Teilinhalte völlig verschwanden, anzusehen sind, haben daher die Leipziger Psychologen auch bei ihren Gestaltuntersuchungen stets besonders geachtet [1].

Auch funktional zeigt sich die Überlegenheit der Gestalt. Das Ganze ist wirksamer als die Teile; die reicher gegliederte Gestalt steht über der relativ einfachen. Es ist eine alltägliche Erfahrung, dass man sich den Gesamteindruck eines Gesichtes leichter merkt, als seine einzelnen Kennzeichen [2]. Die meisten Menschen können eine Melodie behalten, schon weniger erkennen ein bestimmtes Intervall wieder, noch weniger die einzelnen Töne. Die besondere Schwierigkeit, die einer analytischen Psychologie, die auf die Aufdeckung psychischer Elemente abzielt, aus derartigen banalen Tatsachen erwächst, soll am Ende dieses Abschnittes beleuchtet werden. Die leichtere Fassbarkeit von Gestalten, wie sie das unmittelbare Behalten erleichtern können, zeigen gewisse Untersuchungen über den sog. Aufmerksamkeitsumfang.

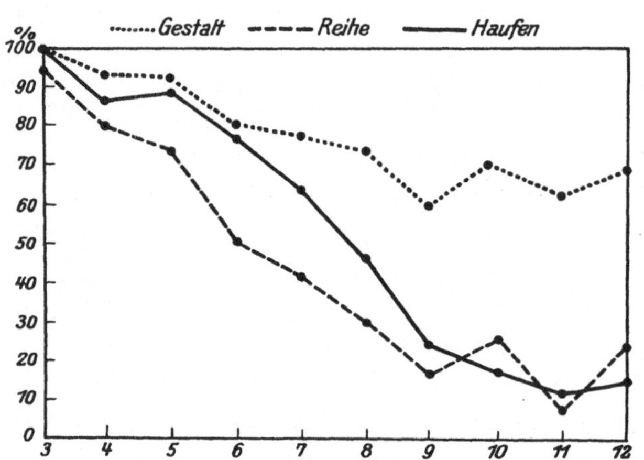


Abb. 2. Aufmerksamkeitsumfang, bestimmt durch die Erfassung von Punkten in verschiedener Anordnung. — Abscisse: Anzahl der Punkte. Ordinate: Richtige und sichere Erfassungen in Prozenten der Fälle. (Nach Sander.)

Sander (11) experimentierte mit Punktmehrheiten, deren Anzahl bei tachistoskopischer Darbietung von der Versuchsperson zu bestimmen war. Dabei waren 3 bis 12 Punkte verschieden angeordnet: a) in möglichst unregelmässigen Haufen, b) einfache regelmässige Figuren bestimmend und c) in gleichen Abständen zu einer Reihe geordnet. Die Ergebnisse zahlreicher Versuche stellen die Kurven der Abb. 2 dar. Es zeigt sich, dass der Vorrang der Gestalt sich in entgegengesetzten Richtungen auswirken kann: die klar gegliederte Figur (b) erleichtert die Bestimmung der Anzahl der Glieder; die geschlossene, einheitliche Reihe (c) unterdrückt die Heraushebung der Teile. Dasselbe, was die Zahlen lehren, ergeben unmittelbar die verschiedenartigen Erlebnisse der Versuchsperson bei den drei Anordnungen. Bei b überschaut die Versuchsperson mit der

---

[1] „Neue psychologische Studien" herausgegeben von F. Krueger, namentlich 1 u. 4 (1926 u. 1928).

[2] Ein solcher Eindruck kann sich dem ungegliederten diffusen Zustand nähern. Dementsprechend gibt es beim Reproduzieren ein „Gefühl der Nähe" des gesuchten, noch nicht klar bewussten Gedankens.

Gestalt zugleich jedes Glied „mit einem Gefühle der Aufgeräumtheit und Sicherheit". Bei c bedingt die Dominanz des Ganzen als „Perlenschnur" relative Bedeutungslosigkeit der Glieder. Demgegenüber wird in a „die Regellosigkeit des Haufens mit einer Gesamthaltung der Zerfahrenheit, des Nichtfertigwerdenkönnens, erlebt"[1]. Die besondere Wirkung des Ganzen bei Reproduktionsvorgängen scheinen die Versuche von Shepard und Fogelsonger zu beweisen, die ich nach Köhler (16, S. 379) beschreibe. Die beiden Amerikaner liessen (sinnlose) Silbenpaare einprägen, unter denen einige mit gleichen zweiten Silben waren. Die Paare sollten dann auf Vorführung ihrer ersten Silben hin reproduziert werden. Wenn sich unter den Silbenpaaren zwei von dem Aufbau ac und bc (25 Minuten voneinander getrennt) befanden, so zeigte sich, dass c häufiger und schneller von a oder b allein reproduziert werden konnte, als wenn bei der Prüfung des Eingeprägten a und b in rascher Folge oder gar gleichzeitig (a b) geboten wurden. Die Bedeutung dieses Befundes für den Primat des Ganzen lässt sich wie folgt darlegen. Der vom Ganzen bestimmte Gliedcharakter wird mit eingeprägt. a (oder b) ist „erstes Glied zu c". Daher kann dieses a nicht wiedererkannt werden, wenn es in a b die Färbung „erstes Glied zu b" erhält; ebensowenig kann hier b die „Reproduktion b c" bewirken, da es nun als „zweites Glied zu a" ein ganz anderes „b" geworden ist. Damit folge ich im Wesentlichen der Auffassung Köhlers, der betont, dass die Glieder in verschiedenen Zusammenhängen verschieden sind. Was hier ausserdem hervorgehoben werden soll ist, dass der eigentümliche Gliedcharakter gerade bei der Einprägung die funktionale Überwertigkeit der Gestalt erweist. Vielleicht kann man sodann, von solchen Ganzheiten ausgehend, doch noch eine Art Hemmung annehmen, wie das G. E. Müller[2] will, eine Störung der Reproduktionsmöglichkeiten, wenn die Silbe nicht nur mit einer, sondern mit zwei verschiedenen ersten Silben (a und b) eingeprägt worden war. Die Silbe c ist ja so nicht eindeutig dagewesen, vielmehr einmal als zweites Glied zu a, sodann zu b. Ausser Zweifel enthält aber das Ergebnis der Amerikaner einen scharfen Widerspruch gegen die Assoziationstheorie. Diese müsste nämlich erwarten, dass eine zweite Silbe, die mit zwei ersten im Lernversuch assoziiert wurde, bedeutend leichter reproduziert werden könnte, wenn bei der Prüfung gleichzeitig von jenen beiden ersten Silben Reproduktionswirkung ausgeübt wird! Wenn die Farbenkonstanz der Sehdinge als eine Funktion des Gedächtnisses angesehen werden darf, dann gehört weiter die Tatsache einer grösseren Konstanz der Figur (nämlich des höher Gestalteten) gegenüber dem Grunde (Sander) hierher als Beleg des funktionalen Primates der Gestalt!

Eine grosse Zahl experimenteller Ergebnisse bestätigt die Überwertigkeit der Gestalt bezüglich einer hohen Unterschiedsempfindlichkeit. So teilt

---

[1] Dazu auch Ipsen, Zur Theorie des Erkennens. Neue psychol. Stud. 1, 279 (1926).
[2] G. E. Müller, Komplextheorie und Gestalttheorie. Göttingen 1923.

Sander (11) mit, dass die Unterschiedsempfindlichkeit für Distanzveränderungen zweier Punkte erheblich gröber ist, wenn sie isoliert, als dann, wenn sie als Pupillen einer Gesichtszeichnung dargeboten werden. „Während dort nur von Verkürzung und Vergrösserung des Abstandes die Rede ist, erscheint als Gesicht bei gleichen Reizveränderungen in einer ausserordentlich fein abgestuften Skala mimischer Qualitäten, wie traurig, satt, listig, blöde usf., in einer Skala von Ganzqualitäten spezifischer Gefühlsfärbung. Der Satz von dem Vorrang von Ganzqualitäten erweitert sich hier in bedeutsamer Weise, indem noch umfassendere Ganzqualitäten, den Gefühlen nahestehend, den Vorrang in gesteigertem Masse zeigen“. Auf die Untersuchungen Schneiders[1] mit Rechtecken verschiedener Seitenverhältnisse komme ich noch zurück (Satz 10). Besonders hohe Empfindlichkeit für Veränderungen boten Rechtecke mit komplizierteren Seitenverhältnissen, sowie solche mit Proportionen des Goldenen Schnittes. Dieser Vorzug war nicht nur durch die reiche Gliederung bedingt, sondern zugleich durch die innige Einbettung in ein gefühlsartiges Gesamterlebnis. „Die Veränderung einer „kalt lassenden“ Figur wirkt nicht in gleicher Weise qualitativ umfärbend auf ein umfassenderes Ganzes ein; die Figur bleibt relativ unempfindlich“. — Volkelt (12) berichtet von einer mit Dora Musold ausgeführten Untersuchung über das Augenmass. Es wurden 3—6 jährige Kinder, Schulkinder und Erwachsene bezüglich Strecke, Kreis und Kugel geprüft. Allgemein ergab sich die feinste Unterscheidbarkeit an der Kugel, die gröbste an der Strecke. Während für die Kugel die Unterschiedsempfindlichkeit aller Altersstufen nur wenig variierte, bot die Strecke die grössten Differenzen zwischen Kindergarten-Kindern und Erwachsenen. Das Kleinkind — hiermit wird zugleich der genetische Primat der Gestalt belegt — bemerkt Veränderungen der Strecke erst bei beträchtlich gröberen Verschiedenheiten. Volkelt deutet diese Befunde: „Die Grösse eines Gegenstandes wird um so genauer beurteilt — nicht je geometrisch-einfacher und eigenschaftsärmer, sondern je momentenreicher und gestalteter er ist, insbesondere je mehr Nicht-Optisches, vor allem Taktil-Motorisches und Emotionales, wie bei der Kugel, in seine Gestaltauffassung eingeht!“ „Entwicklungspsychologisch zeigt die Arbeit, dass die Überlegenheit des Komplexeren und besonders des zugleich Lebensnäheren in der frühen Kindheit noch erheblich grösser ist als beim Erwachsenen“. — Im Akustischen konnte Sperber[2] feststellen, dass „die Unterschiedsempfindlichkeit für rhythmisch gebundene Zeitstrecken erheblich feiner ist als für isolierte Zeitstrecken“. Entsprechendes fand Elisabeth Lippert[3] auf motorischem Gebiete. Es wurden Armbewegungen zwischen zwei verstellbaren Leisten

---

[1] C. Schneider, Untersuchungen über die Unterschiedsempfindlichkeit verschieden gegliederter optischer Gestalten. Neue psychol. Stud. **4**, 85 (1928).

[2] Erscheint in „Neue psychol. Studien“. Hier zitiert nach Sander (11).

[3] E. Lippert, Unterschiedsempfindlichkeit bei motorischen Gestaltbildungen des Armes. Neue psychol. Stud. **4**, 1 (1928).

ausgeführt unter Variation des Tempos und der Form der Bewegung. Die
Schätzung des Abstandes ist am unsichersten bei der gestaltarmen einfachen
Auf- und Abbewegung, am sichersten hingegen bei kreisförmigem Bewegen.

Die genetische Betrachtung lässt sich in verschiedener Weise an-
wenden. Wenn einmal erkannt wurde, dass die Gestalt den Primat besitzt,
liegt es nahe, das primitive (kulturlose, kindliche, tierische) Bewusstsein
zu prüfen, ob hier im Ursinne „Gestalt vor den Teilen" entsteht. Die Frage
kann aber auch auf das Werden jedes Einzelerlebnisses (Aktualgenese) ausgedehnt werden. Schliesslich wird es nötig, die Gestaltproduktion, namentlich das künstlerische Gestalten, von hier aus zu untersuchen. Auf das

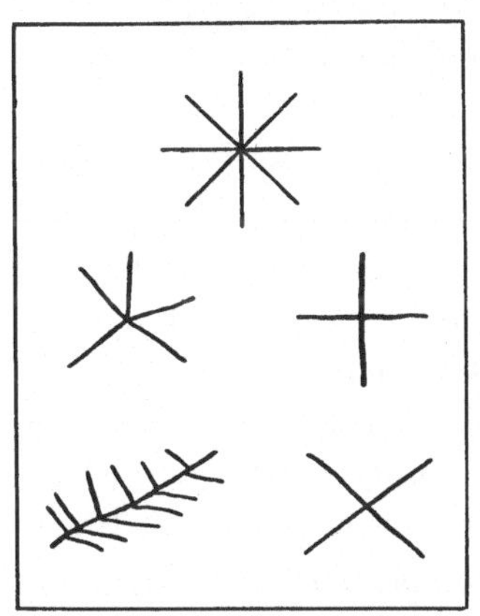

Abb. 3. (Nach Volkelt.)

Überwiegen von Ganzheitlichem im kindlichen Bewusstsein, von Einheitlichem, demgegenüber sogar
Glieder verschwinden oder umgeformt werden,
werde ich noch wiederholt an Beispielen hinzu-
weisen haben[1]. Gerade wurden die Musoldschen
Versuche genannt. Hier sei nur in einem Falle die
Eigenart der kindlichen Zeichnung beleuchtet.
Volkelt (12) stellte einige kindliche Darstellungen
nach ebenen Figuren mit den Vorlagen zusammen
und fügte ausserdem jeweils eine Korrektur der
Kinderzeichnung hinzu, die derart ausgeführt war,
dass sie nach der Auffassung des Erwachsenen
dem Bildungsprinzip der Vorlage näher kam.
Ein Beispiel davon gibt die Abb. 3 wieder. Es
wurde nun Kindern aufgegeben, zu beurteilen, ob die Vorlage (oben) durch
eine der kindlichen Wiedergaben (links) oder durch deren Korrekturen (rechts)
richtiger dargestellt würde. In der Hälfte der Fälle bevorzugten die Kinder
eine der links gegebenen Abbildungen der Vorlage; während Erwachsene fast
ausnahmslos rechtsstehende wählten. Besonders verblüffend erscheint dieses
Ergebnis für die untersten Figuren. Es ist zuerst fast unverständlich, wie
dieses tannenreisartige Gebilde dem aus dem Vorbild tatsächlich heraushebb-
baren Malzeichen vorgezogen werden kann. Genauere Betrachtung ergibt
indessen: Das Malzeichen ist zweifellos zu mager; gerade bezüglich der Dichte
ist ihm daher das Reis überlegen, das den Gesamtcharakter des Büschels
besser trifft. Diese Ganzqualität ist es also, die das Kind bei der Vorlage erlebt. Das Malzeichen hingegen ist eben nur für den Erwachsenen „heraus-
hebbar". Aus der Tierpsychologie sei nur eine Beobachtung Köhlers
angeführt. Ein Schimpanse, der einen geraden Draht bereits zum Heran-
holen einer Banane benutzt hatte, erkannte das Werkzeug in dem zu einem
Knäuel aufgewickelten Draht nicht wieder. Die Aktualgenese von Gestalten lässt sich am besten unter Umständen studieren, in denen die

[1] Dazu siehe besonders die Abb. 5, 11, 12, 19, 23 und deren Erläuterungen im Text!

Wirksamkeit der äusseren Reize auf ein Minimum zurückgedrängt wurde. Dahinführende Methoden sind bisher namentlich im optischen Gebiete benutzt worden. Die Reduktion der Reizbedingungen kann zeitlich (tachistoskopische Versuche) oder räumlich (extreme Verkleinerung der Reizbilder oder grosse Entfernung) vorgenommen werden; sie kann sich auf die Intensität erstrecken (schwache Reizintensität, geringe Unterschiede, Dämmerung, Nebel, unkorrigierte Myopie, Anstarren) oder ungünstige Stellen des Sinnesorganes ausnutzen (Netzhautperipherie, blinder Fleck, Hemianopie). Endlich können Wahrnehmungen herangezogen werden, die ihrem Wesen nach weniger objektiv, dem Subjekt näher gerückt erscheinen (entoptische Erscheinungen, Nachbilder, Anstarren). Alle diese Verfahren erweisen die Ursprünglichkeit des Ganzen gegenüber Gliedern, die sich erst allmählich herausbilden. Dieses Ergebnis habe ich schon im Anschlusse an die Versuche von Strauss mitgeteilt. Der besondere Verlauf der Aktualgenese wirft indessen Licht auf eigentümliche Bildungstendenzen, die erst weiter unten behandelt werden sollen. Besonderes Interesse verdient das Gestaltenproduzieren des Künstlers. Auch hier bestätigt sich der Satz „Gestalt ist vor den Teilen". Folgende Stelle aus einem Mozart zugeschriebenen Briefe bezieht sich auf jenes rätselhafte „Einfallen" und „Wachsen" des Kunstwerkes. „Da wird es immer grösser, und ich breite es immer weiter und heller aus und das Ding wird im Kopfe fast fertig, wenn es auch lang ist, so dass ich's hernach mit einem Blick, gleichsam wie ein schönes Bild oder einen hübschen Menschen, im Geist übersehe, und es auch gar nicht nacheinander, wie es hernach kommen muss in der Einbildung höre, sondern wie gleich alles zusammen". Seltsamerweise zielt ein kennzeichnendes Wort von Goethe gleichen Sinnes gerade auf Mozart. „Wie kann man sagen: Mozart habe seinen Don Juan komponiert! Komposition! Als ob es ein Stück Kuchen oder Biskuit wäre, das man aus Eiern, Mehl und Zucker ·zusammenrührt! Eine geistige Schöpfung ist es, das Einzelne wie das Ganze aus einem Geiste und Guss und von dem Hauche eines Lebens durchdrungen, wobei der Produzierende keineswegs versuchte und stückelte und nach Willkür verfuhr, sondern wobei der dämonische Geist seines Genies ihn in der Gewalt hatte, so dass er ausführen musste, was jener gebot"[1]. Eine wesentliche Seite derartiger Zeugnisse trifft Höfler, wenn er den Satz wagt! „Melodien werden nicht erfunden, sondern entdeckt" [2].

Die unter diesem Hauptsatze genannten Tatsachen erschüttern bereits das Zerlegungsprinzip einer alten Psychologie. Jenes Prinzip ruht nämlich auf der Annahme, dass unser Bewusstsein ursprünglich aus einzelnen Elementen, den Empfindungen, bestehe. Die Wahrnehmung ist danach lediglich

---

[1] Bezüglich Goethe hebt das gleiche Carus treffend hervor. (C. G. Carus, Goethe zu dessen näherem Verständnis. 1843. Neu bei W. Jeß-Dresden 1928 dort S. 95/96.)

[2] Dazu Höfler, Tongestalten und lebende Gestalten. Akad. Wiss. Wien, Philos.-hist. Kl., Sitzgsber. **196,** 1. Wien 1921.

eine Und-Summe, ein „Bündel" von Empfindungen. Das im Grunde zufällige Zusammendasein von Elementen stiftet ihre Assoziation, die wiederum als die Ursache ihres Zusammenauftretens bei der Reproduktion angesehen wird. Auf die innere Sinnhaftigkeit von Gestalten, die keinen Zufall kennt, werde ich noch einzugehen haben. Hier wurde den Annahmen der Assoziationstheorie die phänomenale Tatsache von dem Primat des Ganzheitlichen entgegengestellt. Mach erinnert an ein zweckmässiges Verfahren, sich bestimmte Tonintervalle einzuprägen, das darin besteht, sich Tonstücke, Volkslieder, usw. zu merken, die mit diesen Intervallen beginnen (l. c., S. 233). Er stellt auch fest, dass dieses Mittel vom Standpunkte der Assoziationsthese als paradoxe Komplikation erscheine. „Man könnte meinen, es müsste leichter sein, ein Intervall, als eine Melodie zu merken. Doch bietet eine Melodie der Erinnerung mehr Hilfen, so wie man ein individuelles Gesicht leichter merkt und mit einem Namen verknüpft, als einen bestimmten Winkel oder eine Nase". In diesem „Mehr" steckt ein merkwürdiger Umweg, die Assoziationsthese zu retten: Die Zusammengesetztheit der Melodie aus Tönen erschwert zwar das Erlernen; aber dieselbe Vielheit von Tönen bietet einer assoziativen Verknüpfung mehr Anknüpfungspunkte für die Reproduktion. Entscheidend ist hingegen, wie die Ergebnisse der Gestaltpsychologie gelehrt haben, dass die Melodie als Ganzes ursprünglicher, lebensnäher ist, als die Töne, die aus ihr herauslösbar sind [1]. Die Wirkung jenes Hilfsmittels ein Intervall zu behalten, beruht darauf, dass das Intervall nun Gliedcharakter in einem lebendigen Ganzen erhielt. Das beschreibt Mach ganz richtig. „Höre ich eine Quarte, so bemerke ich sofort, dass die Tonfolge der Beginn der Tannhäuser-Ouvertüre sein könnte, und erkenne daran das Intervall". Dass jene Mehrheit von Tönen andererseits phänomenal nicht enthalten ist im Ganzen der Melodie, liessen schon die Ausführungen des Satz 1 vermuten, und das wird noch in Satz 6 belegt werden. Die Gestaltpsychologie hat es daher grundsätzlich aufgegeben, vom Empfindungsbegriff auszugehen. An die Stelle der Einzelempfindungen treten die unmittelbar gegebenen Gestalten im weitesten Sinne dieses Begriffes.

**6. In dem Gefügezusammenhang einer Gestalt bestimmen das Ganze und seine Teile sich wechselseitig: Die Teile sind im Ganzen unselbständig, gebunden; sie prägen ihm aber seine Gliederung auf. (Bindung und Gliederung.) Die Gestaltauffassung hindert die Herauslösung von Stücken, während das klare Heraustreten einzelner Stücke die Gestalt stört (Korrelationsgesetz).**

Hier soll nunmehr der Versuch gemacht werden, das eigenartige Gefüge der Gestalten näher zu kennzeichnen. Es soll gezeigt werden, wie das Ganze

---

[1] Ähnlich verhält es sich in dem von Rubin (Visuell wahrgenommene Figuren. Kopenhagen 1921) mitgeteilten Falle, es sei leichter zu einer gegebenen Kurve eine zweite zu zeichnen, die mit jener einen gleich breiten Streifen einschliesst, als eine ihr kongruente: Überlegenheit der Fläche vor der Linie! — (Dem Autor ist dort ein böser Irrtum unterlaufen, wenn er die genannten Aufgaben für mathematisch identisch hält!)

und die Teile ineinandergreifen, wie ein Wechselspiel entsteht; wie dem Untergang der Teile die Schöpfung einer neuartigen Gestalt parallel geht. Die vorangestellten Sätze enthalten zunächst die Behauptung einer relativen Unselbständigkeit der Teile. Im Grenzfalle lässt sich feststellen, dass die konstruktiv zusammengesetzten oder nachträglich herausschneidbaren Stücke in der Gestalt phänomenal nicht enthalten sind (Satz 1). Die Figur der Abb. 4a ist aus 10 gleichlangen Geraden konstruiert: sie sind zu zwei Scharen von fünf Parallelen, deren Abstand jedesmal ein Viertel ihrer Länge beträgt, geordnet. Die beiden Linienscharen schneiden sich senkrecht und zwar derart,

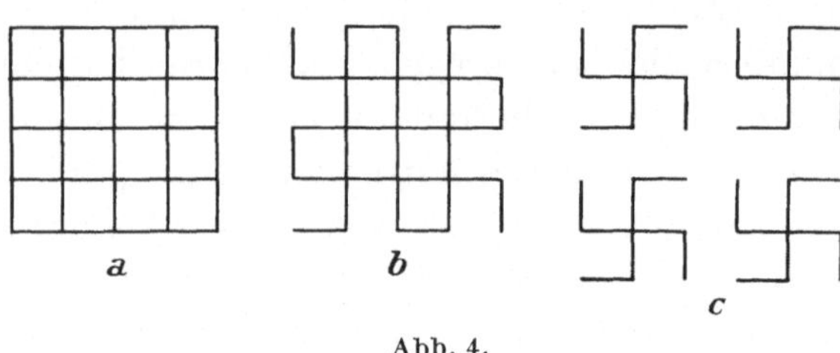

Abb. 4.

dass die von einer Schar eingenommene Fläche mit der der anderen zur Deckung gebracht wurde. Damit habe ich eine hinreichende geometrische, quantitative Beschreibung der Figur gegeben. Phänomenal liegt hier indessen etwas ganz anderes vor: nichts von den genannten Beziehungen braucht in unserem Bewusstsein vorhanden zu sein; wir erfassen auf den ersten Blick eine ganz bestimmte, qualitativ gefärbte Flächenaufteilung, das Gitterquadrat zu vier mal vier Feldern! Die erscheinungsmässige Nichtexistenz seiner konstruktiven Stücke wird besonders deutlich in frühkindlichen Darstellungen, die Volkelt nach Untersuchungen mit A. Schwarz

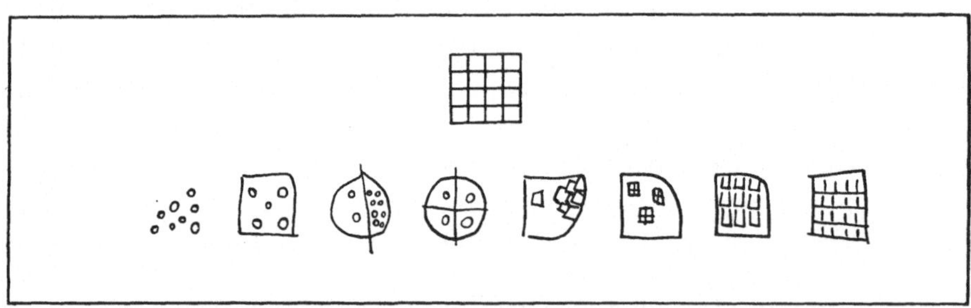

Abb. 5. (Nach Volkelt.)

an drei- bis sechsjährigen Kindern zusammenstellt. Ich bringe sie in Abb. 5. Beachtung verdienen vor allem die Zeichnungen, die „Löcher" abbilden in neuer Anordnung mit runden Umrissen. Mit Recht betont Volkelt die Durchtränkung des kindlichen Erlebnisses mit taktil-motorisch-affektiven Momenten. Durch Auslöschen nur weniger Feldbegrenzungen in Abb. 4a erhält man Abb. 4b [1]. Diese ist mithin konstruktiv aus jener entstanden und doch lässt

---

[1] Ich habe an anderer Stelle (22) noch eine ganze Reihe von Figuren gezeigt, die aus dem Gebilde herauslösbar und doch phänomenal nicht so darin sind. — Das mitgeteilte Motiv und seine Abwandlungen eignen sich besonders zu Gestaltstudien. Dazu kann man die Figuren auch aus Streichhölzern nach Art eines Legespieles bilden.

sich wiederum feststellen, dass sie nicht in ihr enthalten ist. Unmöglich dürfte
es schliesslich sein auch bei planmässigem Bemühen, in der Anschauung die
vier Hakenkreuze nebenaneinander gleichzeitig zu sehen, in die Abb. 4b
restlos zerlegt werden kann (Abb. 4c; siehe auch Abb. 13e)! Köhler erläutert
die gleiche Tatsache an Buchstaben. Im R sehen wir meist nicht die herausschneidbaren D und P, im E nicht F, in allen diesen Buchstaben nicht I.
Mannigfaltige Beispiele bringen M. Wertheimer[1], K. Gottschaldt[2]
und H. Strauss[3]. Auch die Wechselwirkungen der Farben gehören phänomenal hierher. Das graue Papier, das eine rötliche Kontrastfärbung durch
grünes Umfeld erhält, ist so, wie es isoliert erschien, nun nicht mehr da. Ich
werde noch darauf eingehen, dass auch diese Erscheinungen von übergeordneten Gestaltgesetzen abhängen (Satz 12).

Seifert (9) spricht in dem Zusammenhange seiner bereits erwähnten
Untersuchungen von „Gestaltbindung". Die Wirkung des Ganzen auf
die Teile, die ihnen ihre Selbständigkeit nimmt, nennt er Bindung. Sie kann
in zweierlei Weise Geltung gewinnen. Gerade bei den Punktfiguren Seiferts,
in die jene bunten von der Versuchsperson herauszuhebenden Zeichen eingefügt waren, wird dies deutlich. Das sei hier an Aussagen von Versuchspersonen belegt. 1. Die funktionelle Einordnung: Das Element wird
„Glied einer Kette"; es ist „eingebettet in die Gesamtfigur"; die Elemente
sind nicht deutlich erkennbar, „weil sie in der ganzen Figur aufgehen". — „Das
Element stand so wenig allein, es war so in einem Komplex darin, in einer
Linie". 2. Die Uniformierung: Es wird angegeben, dass die Elemente
„nicht als Einzelheiten, sondern als Exemplare ein und derselben Gattung
wirken". „Von den anderen Punkten konnte ich nichts unterscheiden,
weil sie zu der Figur zusammengefasst waren. Es war überhaupt nur zweierlei
zu sehen: Das Blaue und die anderen. Die Figur verschlang sozusagen alle
Unterschiede der Elemente". (Das blaue Zeichen war verlangt; ausserdem
waren aber noch drei andere buntfarbige in der Punktfigur untergebracht.) —
Der Seifertschen Uniformierung parallel geht die von Fuchs beschriebene
Angleichung, die besonders Farbveränderungen bedingt. Sie soll in Satz 12
eingehend erörtert werden. Funktionelle Einordnung und Uniformierung
lassen sich auch in der von mir oben mitgeteilten Variation eines Versuches
von H. Strauss konstatieren: die Seiten der gleichseitigen Dreiecke werden
unselbständige Stücke der Geraden, in deren Verlauf sie eingeschaltet sind;
und sie verlieren ihre andere (rote) Färbung, denn alle Striche erscheinen
schwarz.

Aus dem Nichtenthaltensein der Stücke folgt sodann der Satz: Dasselbe

---

[1] Psychol. Forschg 4, 322 ff.
[2] K. Gottschaldt, Über den Einfluss der Erfahrung auf die Wahrnehmung von Figuren.
Psychol. Forschg 8, 261 (1926).
[3] l. c.

Stück ist in verschiedenen Ganzen verschieden. Eindringliche Beispiele dafür bieten die sog. geometrisch-optischen Täuschungen. Es sei hier nur das von Ipsen (12) untersuchte Sandersche Parallelogramm abgebildet (Abb. 6). In das in zwei kleinere aufgeteilte Parallelogramm ist das gleichschenkelige Dreieck, das daneben für sich gezeichnet wurde, so hineingebaut, dass die beiden gleichen Seiten zu Diagonalen der Teilparallelogramme werden. Dadurch werden diese Seiten in hohem Grade verschieden. Ihre Differenz beträgt nach Ipsen bis zu $42{,}5^0/_0$; während die Verschiedenheit in der Müller- Lyerschen Figur nach Benussi nur $25^0/_0$ beträgt. Bei willkürlichem Herausheben des Dreiecks aus dem Parallelogramm sinkt hingegen der Unterschied der Seiten bis auf $15{,}7^0/_0$[1].

Der Begriff der „optischen Täuschung" enthält die Voraussetzung einer „dinghaften Unveränderlichkeit der sog. Elemente" (Krueger). Jene „Konstanzannahme" (Köhler) gehört zu den Grundlagen der Assoziationspsychologie. Die analytisch eingestellte Psychologie bedurfte der These,

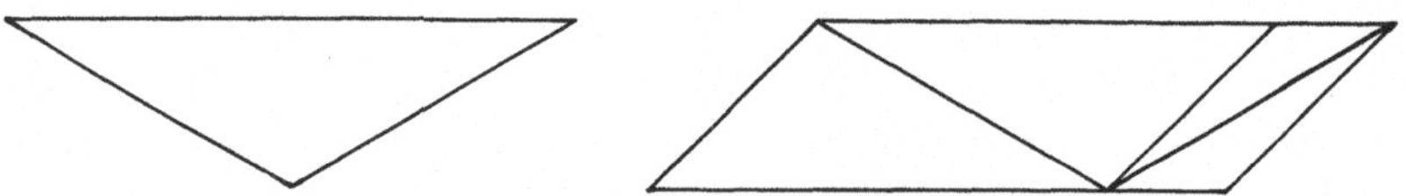

Abb. 6. Das Sandersche Parallelogramm.

dass gleichen Reizen gleiche Empfindungen entsprächen. Aus den konstanten Einzelzuordnungen zwischen Reiz und Empfindung wurde ein komplexes sinnliches Erlebnis summativ aufgebaut, und, wo die Tatsachen einer solchen festen Reizgesetzmässigkeit widersprachen, da wurden Hilfsannahmen wie „Urteilstäuschungen" und „unbemerkte Empfindungen" nötig[2]. Koffka (19) erläutert dieses Verfahren am Beispiel der Klangfarbe. Aus der Tatsache, dass Musikalische aus einem Klange die einzelnen Partialtöne heraushören können, wird geschlossen, dass die Klangfarbe summativ aus jenen Partialtönen zusammensetzbar sei. Der Unterschied aber zwischen „Klangfarbe" und „Summe von Partialtönen" wird dem Verhalten der Aufmerksamkeit aufgebürdet, deren Versagen die Klangfarbe erzeuge. Da die Aufmerksamkeit nur Unterschiede der Intensität bedingen könne, nahm man an, die Einzeltöne seien dabei qualitativ dieselben geblieben. Die Partialtöne spielen so die Rolle unbemerkter Empfindungen. Ein Beispiel für die Sinnestäuschungen, das zugleich die Bestimmtheit vom Ganzen her

---

[1] Die Berechnung des Täuschungsgrades (T) geschah nach der Wirthschen Formel: $T = 100 - 100 Xu : Xm$, wobei Xm das mathematische, Xu das geschätzte Verhältnis der verglichenen Strecken bedeutet.

[2] W. Köhler, Über unbemerkte Empfindungen und Urteilstäuschungen. Z. Psychol. **66**, 51 (1913). — Zur Theorie des Sukzessivvergleichs und der Zeitfehler. Psychol. Forschg **4**, 115 (1923).

zeigt, bietet ein Versuch Wertheimers. In Variation eines ähnlichen Versuches von Wundt (11, S. 35) legt er einen beiläufig 1 cm breiten grauen Ring von etwa 8 cm Durchmesser symmetrisch auf eine halb gelbe, halb blaue Unterlage. Die zu erwartende Kontrastfärbung (ein dunkler bläulicher und ein heller gelblicher Teil) kommt nur zur Beobachtung, wenn es gelingt, zwei Halbringe zu sehen. Sobald man den ganzen Ring erfasst, stellt er sich gleichmässig grau entgegen. Andererseits ist es unmöglich, zwei gleiche graue Halbringe zu beobachten. Hier bewährt sich also die Abhängigkeit der Teilgegebenheiten von dem übergreifenden ganzheitlichen Zusammenhang, dem sie als Glied eingefügt sind. Wenn man die Konstanzannahme grundsätzlich aufgibt, so fällt die These einer Sinnestäuschung: in gewissen Fällen zeigt sich nur besonders eindringlich die Verschiedenartigkeit eines Stückes in verschiedenen Ganzen. Die Hypothese einer festen Reiz-Empfindungs-Zuordnung bedeutet eine Voreingenommenheit, die die Gestaltpsychologie umgeht, indem sie wahrhaft unbefangen das Gegebene beschreibt[1]. Benussi[2] unterscheidet zweierlei „optische Täuschungen"; er spricht von sinnlicher Inadäquatheit bei den Empfindungstäuschungen und von aussersinnlicher Inadäquatheit bei den Produktionstäuschungen. Als Prototyp für die erste Gruppe nennt er den Infeld-Umfeld-Helligkeitskontrast, für die zweite die Müller-Lyersche Figur. Goethe hat das Verdienst, die erste Gruppe von Täuschungen aus ihrer Sonderstellung befreit zu haben. Er zeigte, dass die Kontrasterscheinungen das gewöhnliche Verhalten unserer Sinne kennzeichnen. Mit Hering[3], v. Tschermak[4] und anderen lernten wir einsehen, dass es sich um notwendige Erscheinungen handelt, die erst eine Wahrnehmung der Aussenwelt und Reaktionen auf ihre Veränderungen ermöglichen. Den gleichen Weg beschreitet die Gestaltlehre bezüglich der zweiten Gruppe. Sie erkennt den Tatbestand der optischen Täuschungen als den allgemeinen Fall der Reiz-Empfindungs-Zuordnung. Wie ich noch darlegen werde, ergibt sich ihre Notwendigkeit ganz analog jener der Kontrasterscheinungen in der Richtung auf möglichste Deutlichkeit des Wahrgenommenen, die sich aus allgemeinen Gestaltgesetzen ableiten lässt.

Vom Ganzen aus betrachtet, bedeutet die Unselbständigkeit der Teile eine Neuartigkeit der Gesamtgestalt, die ja mit den Teilen an sich nicht gegeben war. Durch konstruktives Zusammenfügen von Stücken entsteht tatsächlich Neues. Deshalb sprach Wundt von „schöpferischer Synthese". „Wenn das Kind eine neue Denk-Gestalt kapiert, so kommt in ihm eine Gestalt zustande, die es vorher nicht besessen hat" (Koffka 19). Damit stellt sich die Gestaltpsychologie in bewussten Widerspruch zu dem Grundsatz

---

[1] Dazu auch A. Mintz, Über äquidistante Helligkeiten. Psychol. Forschg **10,** 299 (1928).

[2] v. Benussi, Gesetze der inadäquaten Gestaltauffassung. Arch. Psychol. **32,** 396 (1914).

[3] E. Hering, Grundzüge der Lehre vom Lichtsinn, Berlin 1920.

[4] A. v. Tschermak, Der exakte Subjektivismus in der neueren Sinnesphysiologie. Pflügers Arch. **188,** 21. Auch als Sonderdruck.

des Sensualismus: „nihil est in intellectu, quod non prius fuerit in sensu“. Für die „alte“ Psychologie war die Phantasietätigkeit lediglich ein Konglomerat früherer sinnlicher Erlebnisse. Die Gestaltpsychologie sieht in ihr echte Neuschöpfungen. Wenn sie diesen Vorgang beschreibt, so erörtert sie die Bildung von Qualitäten. Deshalb halte ich die Möglichkeit für gegeben, dass es der Gestaltlehre einmal gelingen wird, eine allgemeine Theorie der Qualitäten überhaupt zu begründen. Vor der Hand finde ich hiezu nur zerstreute Ansätze. v. Ehrenfelsens Gestalt-„Qualität“ war freilich noch als Hinzutretendes gedacht. Er deutet aber die Möglichkeit einer Art Zurückführung von Qualitäten überhaupt schon in seiner grundlegenden Abhandlung an. So wirft er die Frage auf, ob nicht auch Einzeltöne einstmals „als Verschmelzung einer Summe noch ursprünglicherer Elemente mit der ihnen zugehörigen Gestaltqualität“ erkannt werden könnten [1]. Ja, er glaubt an die Möglichkeit, dass wir schliesslich „bei einer einzigen Urqualität oder mindestens bei einem einzigen Qualitätenkontinuum angelangen könnten, aus welchem durch verschiedene Kombinationen mit den dazugehörigen Gestaltqualitäten zuletzt so verschiedene Inhalte, wie etwa Farbe und Ton sich erzeugten“. Endlich zeigen die Schlusssätze der genannten Untersuchung die Beziehung zu Qualitäten noch von einer anderen Seite. „Man kann in diesen Einheitsbestrebungen, welche unsere Theorie ermöglicht, ein Gegengewicht gegen individualistische Tendenzen erblicken, welche sie ohne Zweifel in anderer Richtung begünstigt. Denn wer sich die Überzeugung wahrhaftig zu eigen macht, dass mit allen Kombinationen psychischer Elemente Neues geschaffen wird, der wird jener eine ungleich höhere Bedeutung beilegen, als wer sie nur für Verschiebungen ewig wiederkehrender Bestandteile ansieht. Niemals wiederholen sich psychische Kombinationen mit vollkommener Genauigkeit. Jeder Zeitpunkt einer jeden der unzähligen Bewusstseinseinheiten besitzt daher seine eigentümliche Qualität, seine Individualität, welche unnachahmlich und unwiederbringlich in den Schoss der Vergangenheit untertaucht, wenn zugleich die neuen Schöpfungen der Gegenwart an ihre Stelle treten“. Das qualitative Wesen der Gestalten hat auch Höfler an der oben herangezogenen Stelle betont. An das Moment der Einmaligkeit seelischer Inhalte knüpft in ähnlicher Weise Ipsen (13) Betrachtungen über Komplexqualität. Wiederum wird die Vermutung ausgesprochen, sämtliche Qualitäten seien Komplexqualitäten. Insbesondere wird jener qualitative Charakter als eine Folge der „Innigkeit“[2] bezeichnet, „mit der alle Momente einer einheitlichen Auffassung zusammenhängen, ineinander dringen“, wobei die Teilqualitäten „aufgelöst“ werden. Der weitere Gedankengang sei noch

---

[1] Die Gestaltlehre müsste wohl auch das Wort „ursprünglich“ in diesem Zusammenhang verwerfen. Allein mir kommt es hier darauf an, verwandte Gedankengänge bereits bei v. E. aufzuzeigen.

[2] Dazu Satz 8.

an den Figuren der Abb. 4b und c erläutert [1]. Mechanisch-analytisch gefasst ist der Unterschied zwischen beiden lediglich der, dass in 4b die Hakenkreuze zusammengeschoben sind, die in 4c noch getrennt nebeneinander liegen. Phänomenal verschwinden, wie schon hervorgehoben, in 4b die „vier Hakenkreuze". Es ist jetzt nur noch „ein Hakenkreuzmotiv" vorhanden. Aber was da an Quantität verloren gegangen ist, das ist an Qualität gewonnen: es ist ein höher differenziertes Hakenkreuz entstanden. Bei dieser Transformation (es sei der Ausdruck einmal erlaubt!) spielt die entscheidende Rolle die grössere Innigkeit der Abb. 4b gegenüber 4c. Ich möchte diese Einsicht in eine dem alsbald folgenden Korrelationsgesetz verwandte Form kleiden: je inniger die Teile zu einem Ganzen zusammengefügt wurden, desto neuartiger ist die auftretende Ganzqualität, desto grösser der Verlust quantifizierbarer Stücke. Man kann den vorliegenden Tatbestand auch so ausdrücken: die Gestalt ist verglichen mit ihren Konstituentien einerseits „weniger", andererseits „mehr". „Mehr darum, weil keine Analyse je den Gehalt eines unmittelbar Wirklichen voll ausschöpfen kann, sondern notwendig ein blasses abstraktes Stückwerk bleibt. Und doch zugleich auch weniger: weil nämlich die Teile im Komplex nicht diskret gegeben sind. Sie wirken noch und färben den Komplex und keiner dürfte fehlen; nun aber sind sie eingegangen ins höhere Ganze und gleichzeitig damit als Teile verschwunden" (Ipsen). — Zusammenfassend: die Einmaligkeit alles seelischen Geschehens und die Innigkeit des Gefüges bedingen den qualitativen Charakter der Gestalten.

Es gilt nunmehr, den Einfluss der Teile auf das Ganze, ihre relative Selbständigkeit zu untersuchen. Dabei stellt sich eine Verschiedenartigkeit der Teile heraus. Den nicht enthaltenen nur konstruktiven „Stücken" stehen natürliche, phänomenal hervortretende „Glieder" gegenüber. Sie bedingen die wesenhafte Gliederung der Gestalt (Satz 4). Wenn die Unselbständigkeit der Teile durch ihre Bindung im Ganzen gekennzeichnet war, so erkennen wir ihre Selbständigkeit in der Gliederung des Ganzen. Im Anschlusse an Köhler habe ich oben das phänomenale Verschwinden an sich sinnvoller Stücke in Buchstaben (F in E) festgestellt. Dagegen sind diese Buchstaben selbst „echte" Teile des Schriftsatzes. Zunächst sind sie Glieder der betreffenden Worte, die sie bilden; diese aber sind wieder „Unterganze" in dem gesamten Schriftsatz. In dem abgebildeten Hakenkreuzmotiv wurden die Einzelhakenkreuze als „Stücke" erkannt. Dagegen erweist sich das Gebilde als in zwei sich durchflechtende Zickzackschleifen gegliedert (Abb. 13a). Auch funktional lässt sich die Überwertigkeit von Gliedern vor den Stücken begründen. Köhler (16) hatte unter einer Reihe verschiedener Figuren auch diese ⦚⦚⦚ vorgeführt. Nachher gelang die Reproduktion von dem Glied ı, her sicher, dagegen von dem künstlich herausschneidbaren ıııı nicht. Das Beispiel ist so gewählt, dass das unwirksame Stück grösser ist als das wesenhafte

---

[1] Siehe 22, S. 36.

Glied. Überdies enthält die Strichreihe den die Reproduktion bedingenden Teil; aber er wird darin zum Glied eines anderen Ganzen, wodurch er seine Wirksamkeit bezüglich der Ausgangsfigur verliert. Der Einfluss der Glieder wird im folgenden Hauptsatze noch weiter geklärt werden.

Bindung und Gliederung sind gegenspielende Wirkungen im Gestaltgefüge, die einmal vom Ganzen, das andere Mal von den Teilen ausgehen. Eine „kompensierende Wechselbeziehung" ähnlicher Art umschreibt Seiferts „Korrelationsgesetz". „Gelingt die Gestaltauffassung gut, dann wird die Abstraktion beeinträchtigt; wird dagegen die Abstraktionsaufgabe vollkommen gelöst, so bleibt die Bildung der Gestalt unvollkommen" (9, S. 109). Ich erinnere an die schon zweimal herangezogene Versuchseinrichtung Seiferts, bei der die Versuchspersonen die Aufgabe erhielten, ein Stück aus dem Gefüge der Punktfigur durch „Abstraktion" herauszulösen. Wie das Hervortreten der Gestalt die Aufgabe erschwerte, habe ich schon betont. Seifert benutzte neben den geordneten Figuren auch möglichst regellose Punkthaufen, unter die die Abstraktionselemente hinein gemischt waren. Es zeigte sich, dass die dadurch erzielte Zusammenhangslosigkeit, die jedes Element auf sich selbst stellte, in der Tat die geforderte Aufgabe erleichterte. In gleicher Weise fand H. Strauss bei ihren Versuchen, dass im linear zusammenhangslosen Felde ein Heraustreten von Unterganzen leichter möglich ist, als im geschlossenen Liniengewirr. Seifert findet besondere Belege für sein Gesetz in Versuchen, bei denen zur Lösung der Aufgabe mehrere Expositionen erforderlich waren. Nur ein Beispiel von Erlebnisaussagen folge. 1. Expos. „Sehr genau die Gesamtfigur erkannt, wegen des Blauen bin ich unsicher". 2. Expos. „Sehr deutlich das Blaue links gesehen. Gar kein Überblick über das Ganze". Höfler meint, jene Redewendung „er sieht den Wald vor Bäumen nicht" sei ein volkstümlicher Ausdruck gerade für das Übersehen von Gestaltqualitäten. Ipsen erkennt in dem Seifertschen Gesetz ein Gesetz der Innigkeit, weshalb es für Ganzheiten überhaupt und eigentlich streng und ausnahmslos erst für ungegliederte Ganze gelte. Damit wird der Grad der Innigkeit die umgekehrte Proportionale zu der Herauslösbarkeit von Stücken.

**7. Die Stücke besitzen im Gestaltgefüge verschiedene Wertigkeit. Es gibt Stücke, deren Abänderung oder Entfernung das Ganze zerstört. Die Gewichtsverteilung über die Glieder bestimmt das Wesen der Gestalt.**

Die Transponierbarkeit besagt, dass bei durchgängiger planmässiger Änderung aller Stücke eines Gestaltgefüges die Gestalt erhalten bleiben kann. Hier ist nun festzustellen, dass die Änderung nur eines Stückes unter Umständen die ganze Gestalt unkenntlich macht. Die nähere Untersuchung zeigt eine verschiedene Empfindlichkeit des Gefüges an den einzelnen Punkten seines Aufbaues. So kommt man zu dem Begriff verschiedener Wertigkeit verschiedener Stücke. Es gibt relativ entbehrliche Stücke und solche, die für die Erhaltung des Ganzen unentbehrlich sind. Diese Tatsache möge wiederum an dem Hakenkreuzmotiv (Abb. 4b) erläutert sein. Wenn man dieses Gebilde aus lauter undurchschnittenen Strichen zusammengesetzt denkt, so kann man jeweils ein anderes dieser „Elementarstücke" entfernen, um den Umfang der Veränderung des Ganzen zu betrachten. Da es sich um einen vierzähligen Drehling handelt, habe ich, um diesen Charakter des Motives zu bewahren, jedesmal 4 Stücke, d. h. in jedem Quadranten das der Drehung nach entsprechende herausgenommen. Auf diese Weise sind die 6 Figuren

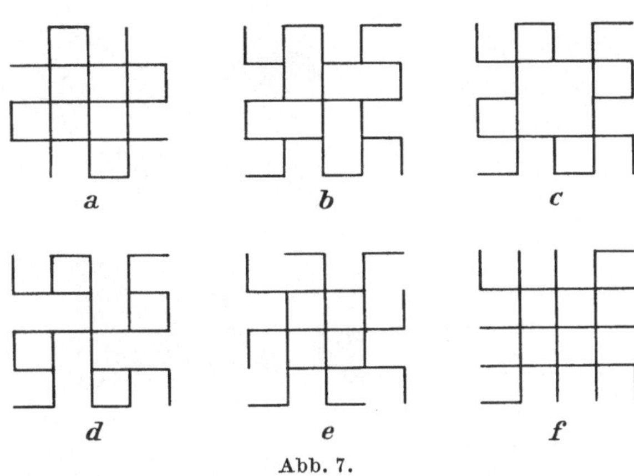

a          b          c

d          e          f

Abb. 7.

der Abb. 7 entstanden. Man erkennt sogleich, dass diese Gebilde in sehr verschiedenem Grade noch dem Ausgangsmotiv ähnlich sehen, obwohl sie alle dieselbe Anzahl von Stücken enthalten. Während a bis c ohne weiteres als Verwandte erfasst werden, sind d bis f tiefgehend umgestaltet. Deshalb kann man sagen, die in letzteren Figuren weggelassenen Stücke sind für den Charakter des Ausgangsgebildes unentbehrlich. Durch ihren Fortfall sind ganz neue, z. T. stark gelockerte Figuren entstanden. Während in d die Drehrichtung nicht eindeutig ist, zeigt e Tendenz zu einer Figur mit gegensinniger Drehung und f tendiert zu einer ruhenden Figur (22, S. 34). Es gibt Gestalten — nämlich solche von hochgradiger Innigkeit ihres Gefüges —, bei denen Veränderung eines kleinen Stückes genügt, um jedesmal das Ganze umzufärben. Dies erinnert an eine mehr dialektische Definition von Driesch [1]. „Wir wollen einen zusammengesetzten Gegenstand dann ganz nennen, wenn er sein Wesen verliert, falls ihm etwas genommen wird." Die Veränderung des Teiles kann sehr viel weniger eindringlich sein als die Umgestaltung des Ganzen. Diese Tatsache lässt sich besonders an Gesichts-Skizzen beobachten, bei denen kleinste Zutaten den Gesamtausdruck umzustellen vermögen. Ich erinnere an die erwähnte, von Sander mitgeteilte hohe Unterschiedsempfindlichkeit für den Augenabstand in einer solchen Skizze. Sehr gut zeigt das Gemeinte das in Abb. 8 wiedergegebene Bildchen, das von einer Rasierklingenreklame stammt. Man kann dort die Zeichnung der Augen verschieden auffassen, je nachdem man (wie es offenbar vom Zeichner beabsichtigt wurde) die Punkte als Pupillen nimmt, oder die Bögen als Wimpersäume der geschlossenen Augen. Dann ist der Blick einmal schräg nach oben gerichtet

---

[1] H. Driesch, Das Ganze und die Summe. Leipzig 1921.

(„himmelnd"), das andere Mal niedergeschlagen („verschämt"), wobei jene Punkte entweder ganz zurücktreten, oder auch als Warzen auf den Oberlidern angesehen werden. Hier ist nun bedeutsam, dass sich der Ausdruck des Mundes jeweils ganz nach dem der Augen richtet. Der Mund erscheint überhaupt breiter, wenn die Augenlider gesenkt sind. Das Lächeln erhält eine durchaus verschiedene Note: beim Blick nach oben wirkt es albern, blöde, bei der Lidsenkung verschmitzt, überlegen. Den Vorgang kann man auch so beschreiben: das Ganze reagiert auf die Veränderung eines wesentlichen Teiles. Dabei wird die verschiedene Auffassung durch verschiedene Betonung oder Gewichtsverteilung gekennzeichnet. Einmal liegt der Ton auf den Punkten, einmal auf den Bögen. Von der Betonung der Bögen bekommt auch der Bogen des Mundes seine grössere Breite. Von hier aus lässt sich nunmehr die Wirkung der oben beschriebenen Machschen Quadrate verstehen. Das Gewicht ruht bei der lotrecht-wagerechten Lage auf den Seiten, bei der Stellung übereck auf den Diagonalen. Das Ganze wird entscheidend gefärbt von den Eigenschaften der betonten Glieder: daher wirkt das Quadrat übereck grösser[1]. Die Gewichtigkeit der Teile ist ganz allgemein von ausschlaggebender Bedeutung bei den sog. geometrisch-optischen Täuschungen. Die verschiedenartige Betonung der Diagonalen im Sanderschen Parallelogramm bedingt ihren Längenunterschied. Die wesenhafte Wirkung der Gewichtsverteilung zeigt sich überdies in Fällen, in denen die Dominanz einzelner Glieder das Gefüge des Ganzen lockert, wie in Satz 8 näher mitgeteilt werden wird. Koffka (19) weist darauf hin, dass die Fragen nach Wesen und Herkunft der Gewichtsverteilungen neue Probleme der Aufmerksamkeitsforschung sind. Ich werde darauf noch in Satz 9 bezüglich willkürlicher Schwerpunktsverschiebungen und bei dem Bericht über die Gestaltbedingungen zurückkommen.

Abb. 8.

**8. Gestalten unterscheiden sich nach dem Grade der Innigkeit ihres Gefüges: Hervortreten der Teile lockert, Überwiegen des Ganzen festigt sie. Im Grenzfalle führen maximale Bindung zu einheitlich ungegliederter Ganzheit (amorphe Masse), maximale Gliederung zu stückhafter Menge mit Ganzeigenschaften (Chaos). Zwischen diesen Polen bei mittleren Graden der Innigkeit und gegenseitig abgewogener Bindung und Gliederung stehen die Gestalten.**

Wiederholt habe ich schon das Moment der Innigkeit zur Beschreibung herangezogen, ohne es eigentlich zu definieren. Es ist ganz in demselben

---

[1] Entsprechendes lässt sich an geometrisch gleich grossen Mal- und Pluszeichen beobachten.

Sinne gemeint, in dem sich Physik und Chemie seiner bedienen, etwa in Zusammenhängen wie „inniges Gemisch". Maximale Innigkeit wird daher
gleichbedeutend mit Homogenität und bestimmt mithin ein Gefüge, das die
unter Satz 4 wiedergegebene Bedingung Köhlers nicht erfüllt. Damit ist ein
Gegenpol zu Gestalten erkannt: ungegliederte, unkonturierte, diffuse Ganzheitlichkeit oder amorphe Masse. In der Wahrnehmung ist er vielleicht
am besten veranschaulicht durch das Erlebnis dichten, dem Blicke völlig
undurchdringlichen Nebels. Indessen der Anblick eines klaren Gebirgshimmels,
den man, auf dem Rücken liegend, einzig im Gesichtsfelde hat, dürfte diesem
Grenzphänomen auch nahe kommen (namentlich, wenn man ihn anstarrt).
Derartige Wahrnehmungen haben gewiss Ganzeigenschaften: eine äusserste
Bindung der nur mehr nachträglich heraus      ‘idbaren Teile liegt vor. Von

Abb. 9.

Mehrheitlichkeit kann in der Anschauung nicht mehr die Rede sein. Der
Gegenpol zu diesem äusserst innigen Gefüge ist das völlig lose Nebeneinander-
sein isolierter Teilgegebenheiten. Hier ist die Gliederung übertrieben zur
zusammenhanglosen Stückhaftigkeit. Ich glaube nur theoretisch darf man
hier von reiner Und-Verbindung sprechen. Wie u. a. die Versuche von
H. Strauss zeigten, haben auch solche Wahrnehmungsgegenstände Ganzeigenschaften. Als ein anschauliches Beispiel eines an diesem Pole von den
Gestalten möglichst entfernten Ganzen gebe ich in Abb. 9 eine Ansicht von
dem Heer der Flüchtlinge beim japanischen Erdbeben von 1923 wieder.
Besonders bei kurzem oberflächlichem Betrachten sieht man, wie sehr die
Einzelgegenstände in dem Wirrwarr untergehen. Wesentlich für diese Art
mehrheitlicher Gebilde ist das Kennzeichen der Unordnung; deshalb halte
ich den Ausdruck Chaos hier für treffend.

Allerdings setze ich mich damit in Widerspruch zu Koffka (19, S. 547).
Für ihn sind nämlich Und-Verbindung oder Isoliertheit und Chaos Gegen-
sätze. Begrifflich lässt sich dieser Standpunkt freilich halten, wenn im Chaos
das Unbestimmte, Unentwickelte ins Auge gefasst wird, und auf der anderen

Seite klare Getrenntheit in der Anschauung gesetzt wird. Nun finde ich mich aber mit Koffka in Übereinstimmung darin, dass eine echte Isoliertheit von Stücken nur denkbar, aber nicht sinnlich vorführbar ist. Deshalb fällt dieser strenge Begriff der Undverbindung für die Beschreibung von Wahrnehmungs-Gefügen weg. Er kann dafür nur noch den Sinn des bloss Und, des zufälligen, rein äusserlichen, innerlich sinnlosen Beisammen haben. So fliesst dieser Begriff für mich mit dem Chaos als maximaler Unordnung zusammen. Andererseits arbeitet Koffka den Gegenpol der äussersten Einheitlichkeit nicht heraus. Das geschieht z. B. von Sander (11) und Ipsen (13). Sander stellt der extremen Stückhaftigkeit ähnlich wie ich es oben getan habe, die extreme Ganzheitlichkeit gegenüber. Ich möchte mich dem grundlegenden Gedankengange Ipsens anchliessen: „Jede Auffassung eines Komplexes lässt sich in ihrer Art bestimmen nach dem Ausmass, in dem das Ganze oder der Teil vorwiegt" (S. 263).

Gestalten stehen zwischen zwei Gegensätzen, die sich durch die Grade ihrer Innigkeit unterscheiden: der einseitig überwiegenden Bindung und der äussersten zerstückelnden Gliederung. Sie selbst sind durch das Abgewogensein von Bindung und Gliederung bei mittlerer Innigkeit des Gefüges gekennzeichnet. Wesenhaft ist für das Gestaltete ausserdem, wie die letzten Hauptsätze (10—13) näher schildern sollen, die Ordnung. Ein Wahrnehmungsfeld kann homogen oder inhomogen sein. Ist es homogen, so nenne ich es „amorph". Das inhomogene Feld kann geordnet oder ungeordnet sein. Das ungeordnete nenne ich „chaotisch". Das geordnete inhomogene Feld ist „gestaltet". Aber es umfasst noch verschiedene Grade der Innigkeit des Gefüges: relativ feste und relativ lockere Gestalten. Davon sogleich Näheres. Vorerst sei noch darauf aufmerksam gemacht, dass man das homogene Feld zweifellos sowohl als Grenzfall der Ordnung wie der Unordnung betrachten kann. In diesem Punkte nähern sich überwucherte Bindung und Gliederung einander. So lassen sich Wahrnehmungsgegenstände beschreiben, die zwischen „amorph" und „chaotisch" liegen und doch nicht als „gestaltet" i. e. S angesehen werden dürfen [1]. Ein Beispiel böte der Anblick einer das Gesichtsfeld unbegrenzt ausfüllenden, ebenen (zur Blickrichtung senkrecht liegenden) Sandfläche aus einer Entfernung, die die Einzelkörnchen gerade noch erkennen liesse. Die Ganzheitlichkeit des Chaos ergibt sich aus dem Verschwinden für sich klarer Unterganzer in ihm. Vorzüglich veranschaulichen gewisse Mimikry-Vorgänge eine derartige „Gestaltauflösung". Ich erinnere etwa an Nonne, Scholle, Zebra und die Nachahmung ihrer Mittel durch die scheckige Bemalung von Geschützen, Wagen und Uniformen im Kriege.

Die verschiedene Festigkeit der Gestalten ermöglicht eine Ordnung dieser Gruppe von Ganzheiten. Die maximal lockeren Gestalten scheinen

[1] Daher die schematische Darstellung Abb. 10 in einem Ringe!

Besonderheiten zu besitzen, die Sander u. a. veranlassten, sie von den echten Gestalten als rein Stückhaftes abzutrennen. Dieser Auffassung möchte ich mich nicht anschliessen, weil auch an ihnen unverkennbare Ganzheits- und Ordnungs-Tendenzen auftreten. Sie sind in der Anschauung wohl nie wirklich isolierte Teile, also in diesem Sinne Und-Verbundenheiten. Die Frage lässt sich wie ich glaube, durch Versuche mit Punkthaufen entscheiden [1]. Auf die dabei beobachtbaren Gestaltungstendenzen wird noch einzugehen sein. Hier nur ein Hinweis auf ihre Existenz. So bemerkt Hamburger den

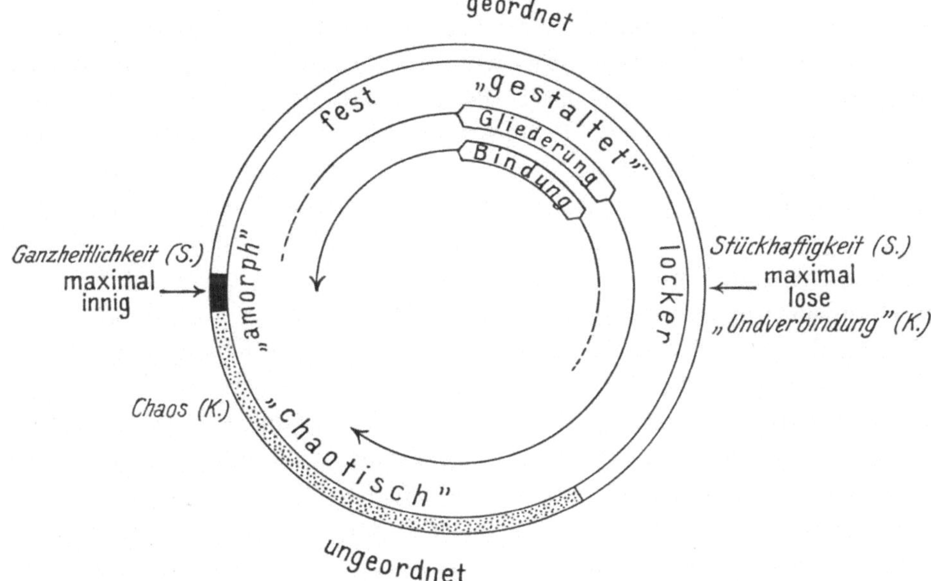


Abb. 10. Schematische Übersicht der möglichen Gefüge des Wahrnehmungsfeldes.

psychologischen Zwang, dem der Mensch folgte, wenn er im Anblick des Sternenhimmels Sternbilder zusammensah (21, S. 44). Wertheimer drückt es allgemeiner aus. „Das Gegebene ist an sich in verschiedenem Grade „gestaltet": gegeben sind mehr oder weniger durchkonstruierte, mehr oder weniger bestimmte Ganze und Ganzprozesse, mit vielfach sehr konkreten Ganzeigenschaften, mit inneren Gesetzlichkeiten, charakteristischen Ganztendenzen, mit Ganzbedingtheiten für ihre Teile". (17, I., S. 52) [2] [3]. Derartige Einsichten veranlassen mich, maximal lose Gefüge im Wahrnehmungsfelde noch zu den Gestalten zu zählen. In Abb. 10 habe ich eine schematische Übersicht der hier vertretenen Einteilung versucht. Nach den voranstehenden Ausführungen

---

[1] Dazu Koffka (19) S. 549.

[2] Von mir gesperrt!

[3] Auch die oben aufgeführten Beispiele für amorphe Masse dürften nur für Augenblicke in der Wahrnehmung möglich sein, da bei ihnen, wie etwa im Erlebnis stockfinsterer Nacht, sich alsbald Gestaltbildungstendenzen einzustellen pflegen (entoptische Erscheinungen, Nachbilder).

wird sie zu lesen sein. Es sei aber hinzugefügt, dass das Schema lediglich deskriptiv, nicht etwa genetisch gemeint ist. Die Gegenpole, die Koffka und Sander statuieren, sind ausserhalb des Ringes kursiv gesetzt. Freilich ist nun doch ein Unterschied zwischen verschiedenen Punkthaufen; dieser wird besonders klar in dem von Seifert benutzten Versuchsmaterial: er bezieht sich auf den Grad der Ordnung. Die zu einfachen geometrischen Gebilden geordneten Punkte haben hohe Festigkeit: „Die Elemente standen wie eine Mauer fest gefügt". Dagegen sind die relativ ungeordneten Punktsysteme („Aggregate", Höfler) — ich würde sie im Schema zwischen den Ort minimaler Innigkeit und dem des Chaotischen anbringen — weitgehend gelockert: „Es werden mehrere Elemente deutlich und zwar als solche, als Privatpersonen". Ein maximal loses Gefüge würde etwa durch zwei Punkte (nicht Doppelpunkt!) [1] dargestellt werden können. Ein solches Gebilde steht ähnlich wie das homogene Feld zwischen Ordnung und Unordnung. Geordnete Punktsysteme nähern sich dem Pole minimaler Innigkeit, wenn ihre Ordnung an einer Stelle auffällig gestört wird. Höfler spricht in solchem Falle von „Ungestalt" und nennt das Gebilde auch „missgestaltet" [2]. Noch einige Beispiele mögen verschiedene Grade der Festigkeit vorführen. Unter den Figuren der Abb. 7 sind a relativ fest, d und f relativ locker. Bei 7 d lässt sich die Lockerung des Gefüges auf die Betontheit in sich fester Unterganzer, der kleinen Quadrate, zurückführen. Abb. 4 b ist zweifellos fester gefügt als 4 c; indessen darf gewiss auch 4 c nicht als reine Undverbindung von vier Hakenkreuzen beschrieben werden. An Versuchsobjekten, die den Seifertschen nachgebildet erscheinen, haben Sander und Heiss (12) mit Kindern und Jugendlichen experimentiert. Abb. 11 A zeigt die Anordnung von verschieden geformten einfarbigen Bauklötzchen zu einer geschlossenen Umrissfigur, in der aber eines, das auf der unterliegenden Vorlage gezeichnet ist (in der Abb. schraffiert) fehlt. Die Versuchsperson hat das fehlende Klötzchen hineinzufügen und muss es zu diesem Zweck aus einem zweiten Spielfeld (B) herausfinden. Das zu suchende Klötzchen ist nun einmal in einer absichtlich ungeordneten Mehrheit von Klötzchen untergebracht (B), das andere Mal auch in einer Umrissfigur (B'). Es wurde bei den Versuchspersonen verschiedenen Alters die Zeit zur Erledigung dieser beiden verschiedenartigen Aufgaben ermittelt. Das Ergebnis der Untersuchungen stellen die Kurven der Abb. 12 dar. Die ausgezogene Linie gibt die durchweg grösseren Zeiten, die für das Auffinden in der „Figur" benötigt wurden, die unterbrochene die kleineren Zeiten bei den „Haufen". Darin erkennen wir zunächst wieder eine Bestätigung des Korrelationsgesetzes: je fester ein aus Teilen zusammengesetztes Gebilde ist, desto schwerer (in desto längerer Zeit) lassen sich Stücke

---

[1] Die Ausdehnung der „Punkte" muss gegenüber ihrem Abstande verschwinden.

[2] Es ist beachtenswert, dass diese Ausdrücke sowohl ästhetischen als auch biologischen Sinn tragen.

 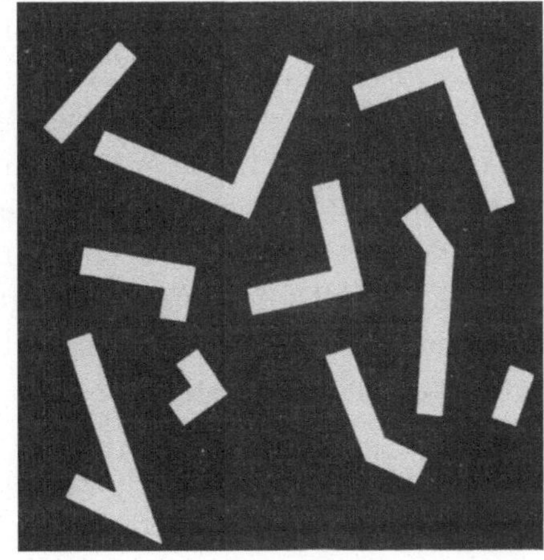

A            B

Abb. 11. A. B.

aus ihm herauslösen. Wir gewinnen in der Bestimmung der Herauslösbarkeit ein Mass für die Festigkeit. So gedeutet, ergeben die Versuche weiter: Gestalten sind um so fester, je jünger das erlebende Individuum ist, und der Festigkeitsunterschied zwischen geordneten und ungeordneten Gefügen wird mit zunehmendem Alter geringer. Statt der Beschreibungsmittel „locker — fest" hat man dem Widerstande gegen Zerstörung entsprechend auch von „schwachen" und „starken" Gestalten gesprochen. Weiter kann man den Festigkeitsgrad der Abschliessung der Figur gegen den Grund bezeichnen. So unterscheidet man offene und geschlossene Gefüge (z. B. B und B'). Das Gitterquadrat (Abb. 4a) ist relativ geschlossen, das Hakenkreuzmotiv (Abb. 4b) relativ offen. Es werden sich in den folgenden Paragraphen noch daraus ableitbare Verschiedenheiten ergeben. Das Geöffnet-Sein des Gestaltgefüges

 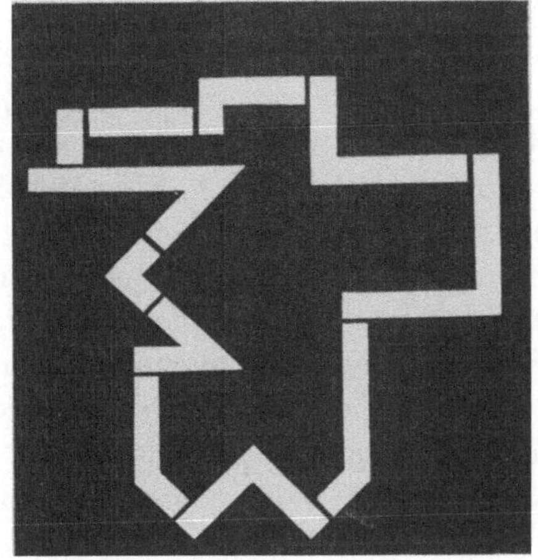

A'            B'

Abb. 11. A'. B'.

eines Gebildes (z. B. Tigerung) kann bei bestimmten Grundeigenschaften
Gestaltauflösung (Mimikry) bedingen. Maximal abgeschlossene Gefüge sind
auch relativ fest. Äusserste Festigkeit ist nicht mit weitgehender Gliederung
vereinbar (z. B. Kreis). Daher sind maximal feste nicht zugleich „höchste"
Gestalten. Die festen nähern sich ja bei maximaler Bindung dem homogenen
Felde. Höchste Gestalten besitzen hingegen wie schon festgestellt wurde,
mittlere Innigkeit. Diese Einsicht bringt v. Ehrenfels in den weiterführenden
Bemerkungen zum Ausdruck. „Die Höhe der Gestalt [1] wächst mit dem
Produkt ihrer Konstituanten, ihrer Ein-
heitlichkeit und der Mannigfaltigkeit
ihrer Teile". Bei dieser Bewertung der
Gestalten ist vielfach der ästhetische
Standpunkt herangezogen worden. In
der Tat schreibt z. B. Külpe [2][3]: „Nur
wo Einheit und Abstufung herrschen,
kommt es zum ästhetischen Totalein-
druck, zu mannigfacher Gliederung,
zu übersichtlichem Aufbau". Und er
untersucht als besondere ästhetische
Prinzipien „Zusammengehörigkeit" und
„Klarheit". Es liegt nahe, diese den
Gestaltungsmomenten Bindung und
Gliederung parallel zu stellen. Dann
dürfte endlich v. Ehrenfels Zustim-
mung verdienen, wenn er sagt: „Was
wir „Schönheit" nennen, ist nichts
anderes als „Höhe der Gestalt".
Einen mehr systematischen Versuch

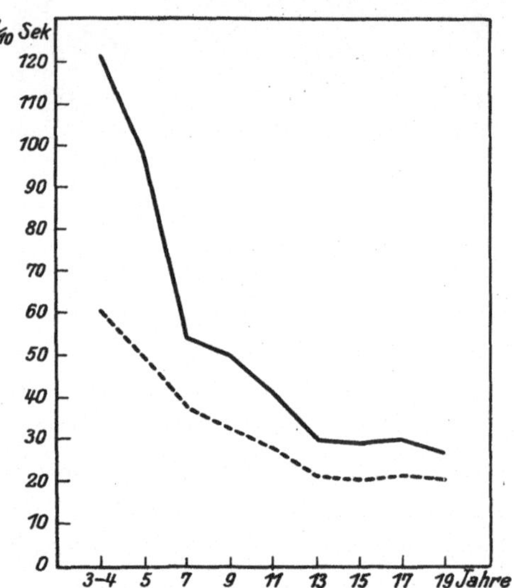



Abb. 12. Versuchsergebnisse an Anordnungen wie
Abb. 11 nach Sander-Heiß. — Abscisse: Alter
der Versuchsperson. Ordinate: Zeit bis zum
Auffinden des in A (A′) fehlenden Stückes aus
Konstellationen wie B (punktierte Linie) oder B′
(ausgezogen).

zur Klassifizierung der Gestalten nach ihrer Höhe unternimmt Kreibig
(1, S. 114). Er will primäre, sekundäre, tertiäre usw. Gestaltqualitäten unterscheiden je nach der Natur der zusammengefügten „Elemente", wie weit
diese schon gestaltet sind. „Eine Mehrheit von Einzelklängen und Akkorden
(Teile oder Glieder) wird durch eine gewisse melodische und rhythmische
Anordnung (Relationen) zum Motiv von charakteristischer Prägung (Gestaltqualität erster Ordnung), die Motive in kontrapunktischer und tektonischer
Verarbeitung liefern einen sinfonischen Satz (Gestaltqualität zweiter Ordnung); vier solche Sätze nach ästhetischen Bildungsgesetzen angereiht kon-
stituieren die Sinfonie (Gestaltqualität dritter Ordnung)". Relativ selbständige, gewichtige Glieder nennen wir analog „Unterganze".

[1] Von mir gesperrt.
[2] O. Külpe, Grundlagen der Ästhetik, Leipzig 1921.
[3] R. Matthaei, Experimentelle Studien über die Attribute der Farben. Z. Sinnesphysiologie 59, 330 (1928). Ausserdem verschiedene Aufsätze in der „Farbigen Stadt". Hamburg 1927/28.

# Das Gestalt-Gesetz.

**9. Ein Eigenleben der Gestalten bekundet sich in den Umbildungen und im Wechsel der Gewichtsverteilung bei mehrdeutigen Gestalten.**

Die voranstehenden Ausführungen sollten das Gefüge der Gestalten beschreiben; in den nunmehr folgenden wird der Versuch gemacht werden, ein allgemeines Gestaltgesetz herauszuarbeiten. Dazu bereitet dieser Paragraph vor, während die Sätze 10—13 seinen eigentlichen Inhalt bringen. „Gestalten haben Bildungstendenzen von sich aus". So drückt Köhler (16) den Gedanken aus, der den Hauptinhalt des vorliegenden Kapitels ausmachen soll. Das „Eigenleben" der Gestalten möchte ich namentlich an der Erscheinung der Mehrdeutigkeit und den Vorgängen der Inversion vorführen.

Von Mehrdeutigkeit kann bezüglich Gestalten in verschiedenem Sinne gesprochen werden. Ich mache auf diesen Unterschied aufmerksam, weil er wesenhaft mit dem Gefüge zusammenhängt. Benussi[1] spricht von Gestaltmehrdeutigkeit angesichts Gebilden, die durch Gewichtsverschiebungen und Umgliederungen in der Auffassung verändert werden können. Beispiele dafür bieten Worte wie „Wachtraum" oder „Gründung". Je nach der Gliederung, die die Zugehörigkeit des t zur ersten oder zweiten Hälfte des Wortes bestimmt, erhält es seinen Sinn als Wacht-Raum oder Wach-Traum. Für die Auffassung von „Gründung" ist mehr die Gewichtsverteilung entscheidend, die das Ganze einheitlich oder zusammengesetzt (Grün-Dung) macht. Die geometrischen Ornamente sind häufig im gleichen Sinne mehrdeutig; ebenso ist das Verhältnis zwischen Figur und Grund oft vertauschbar. — Höfler[2] untersucht die Möglichkeit einer Mehrdeutigkeit von Tongestalten. Dabei gebraucht er den Terminus in etwas anderer Weise: für Höfler bedeutet er Mehrdeutigkeit des Stückes oder Gliedes in verschiedenen Ganzen. Dort ist mithin der in Satz 6 geschilderte Tatbestand gemeint: dasselbe Stück ist in verschiedenen Ganzen verschieden. Ein eindringliches Beispiel zieht von Hornbostel[3] heran. „Zwei Melodien bewegen sich gegen- und durcheinander, z. B. zwei Tonleitern in Gegenbewegung; an der Stelle und in dem Augenblick, wo sie sich kreuzen, gibt das Klavier nur einen Ton, man hört aber zwei unisone Töne zugleich, den aufsteigenden und den absteigenden". Derselbe Ton ist also zwei Reihen angehörend verschieden. Den erwähnten Beispielen für „Mehrdeutigkeit der Gestalt" entsprechend, kann man an dieser Stelle auf mehrdeutige Worte im üblichen Sinne verweisen. „Eine Aufgabe philosophischen Denkens wäre ein Unheil für die Naturwissenschaften; denn es ist eine Aufgabe philosophischen Denkens, den

---

[1] l. c.

[2] A. Höfler, Studien II: Tongestalten und lebende Gestalten. Sitzgsber. Akad. Wiss. Wien., Phil.-hist. Kl. **196.**

[3] v. Hornbostel, Über optische Inversion, Psychol. Forschg I, 130 (1922).

notwendigen Zusammenhang alles Einzelwissens herzustellen". So bedeuten die drei Buchstaben „geb." unzweifelhaft Verschiedenes, wenn sie auf der Besuchskarte einer Dame, in einer Heiratsanzeige oder auf der Speisekarte gelesen werden. Damit wird das Moment klar, in dem sich beide Mehrdeutigkeiten treffen. Der Zusammenhang im Ganzen bestimmt nämlich auch die jeweilige Lesart eines Unterganzen, das als herausgelöste Gestalt auf Grund einer möglichen Gewichtsverschiebung innerhalb seiner Gliederung mehrdeutig ist[1]. Diese Feststellung umschliesst die allgemeine Lösung der Gestaltmehrdeutigkeiten: der Bezug zu einem grösseren Ganzen hat sich geändert, wenn das betrachtete Teilgebilde, die Gestalt, umschlägt in die veränderte Form.

Im Besonderen sei die Mehrdeutigkeit zunächst an dem oft herangezogenen Hakenkreuzmotiv (Abb. 4b) erörtert. In Abb. 13 ist das Gebilde in verschiedener Weise zerlegt. Die Figuren sollen als eine Art „Gebrauchsanweisung" für die Auffassung der Abb. 4b dienen. Versucht man danach jenes Drehmotiv verschieden gegliedert zu sehen, so stellt man bald fest, dass dies nicht für jedes Vorbild der Abb. 13 gleich gut gelingt. Abb. 13a stellt die bereits erwähnte natürlichste Gliederung dar, die sich „von selbst" einzustellen pflegt. Indessen auch Abb. 13b ist ohne Schwierigkeit herzustellen, vielleicht nicht so leicht festzuhalten. Die Gliederungen c und d

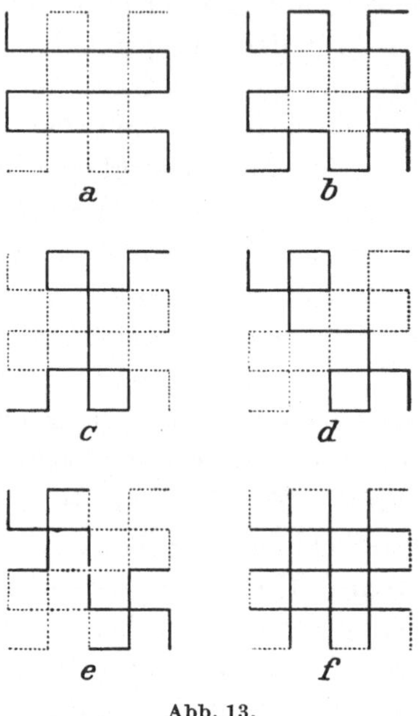

Abb. 13.

sind schon viel schwieriger. Aber es gelingt bei einigem Bemühen, das Gesamtgebilde in vier Schlingen der einen oder anderen Zugrichtung gegliedert zu sehen. Die Aufteilungen, die e und f vorschreiben, können dagegen in der Betrachtung von Abb. 4b keineswegs festgehalten werden. Dass die Gliederung

---

<sup>1</sup> Ein hübsches Beispiel bietet ein Text, den (wenn ich mich recht entsinne) eine deutsche Verleger-Vereinigung herausbrachte, um den Bindestrich zu empfehlen.

„Selbdritt trat der Honvedrittmeister mit seinen Freunden von der lichterhellen Strasse in sein lichterhelltes Zimmer. Er sah nach der Bouleuhr auf der Kommode, die der Rokokomode entstammte. Pfitzners Christelflein stand zwischen Barockengelchen auf dem Flügel. Über ihnen hingen von einem Fürstabt erworbene Sportakte, die er mit hohen Visagebühren aus England bezogen. Er sammelte Antiquitäten, so den im Erker thronenden Herrschersessel mit den geschweiften Thronenden. An der Wand zeigte ein talgig gemaltes Bild ein Talgehölz mit seinen aufwärts zeigenden Zweigenden, ein anderes die Mainauen in der Mainacht, ein drittes eine Ebene mit fernen Bergen, die wie Bergenziane leuchteten, ein viertes den Wasserfall, der jedes Zubergeschwimmen ausschloss. Besonders hatte er vor dem letzten Bilde, einer Heidenacht, eine Heidenachtung. Vom Geestrand stammend war der Rittmeister in langer Geschlechterfolge Soldat; noch heute erblickte er im Wachtraum den Wachtraum seiner Kaserne und sah sich im Kampffeuer liegen.

in die vier Hakenkreuze nicht möglich ist, war mir deshalb besonders lehr-
reich, weil ich das ganze Gebilde ursprünglich gerade aus diesen Hakenkreuzen
zusammengefügt hatte. Das dreifache Kreuz in f ist dem Drehmotiv so
fremd[1], dass es sogar durch die nur unterbrochen gezeichneten kleinen Striche
der Abb. 13 in seiner Ruhe gestört wird. Das Ganze zwingt vielmehr jene
kleinen Stücke zu „funktioneller Einordnung“ im Sinne des Drehlings der
Auffassung a oder b. Die einfache Beschreibung lehrt, wie wenig wir mit
der Auffassung geometrischer Ornamente willkürlich verfahren können und
wie sehr das gestaltete Gebilde demgegenüber ein Eigenleben betätigt, dessen
Gesetze alsbald zu untersuchen sind.

Ähnliches kann man an Flächenaufteilungen beobachten, die eine Ver-
tauschung von Figur und Grund gestatten. Dieser Art sind die mehrdeutigen
Figuren, die Rubin[2] studierte. Ich erinnere nur an die, man könnte sagen,
„klassische“ Becherfigur, deren Konturen die Schattenrisse zweier einander
zugewandter Gesichter bilden können[3]. Auch hier ist das Vertauschen der
Rollen von Figur und Grund nur scheinbar in das Belieben des Beobachters
gestellt. Köhler (16) schildert das Verhalten wie folgt. „Man fasst d i e Gebiete entschieden zusammen, die in der intendierten Gestalt wesentlich zusammengehören, strengt sich eine Weile vergeblich an, es geschieht nichts —,
und plötzlich, unverhofft, wenn man vielleicht schon am Gelingen verzweifelte,
ist mit einem Male das neue Gebilde da. Umgekehrt: Man beobachtet eine
der möglichen Fassungen und hält sie mit aller Kraft der kollektiven Aufmerksamkeit fest. Plötzlich wird man davon überrascht, dass eine andere
Fassung g e g e n das absichtliche Zusammenhalten der ersten zustandege-
kommen ist, womöglich eine ganz unbekannte, und nun die Aufmerksamkeit
gewissermassen nachhinkt“ (S. 368). Aus dem Akustischen lassen sich planmässige Umbetonungen des Rhythmus hier anführen[4]. Besondere Beachtung
verdient bei solchen Erlebnissen das ruckartige Umkippen oder Umspringen.
Dieses „Einschnappen“, das bei Gestaltbildungen überhaupt beobachtbar
ist, mag folgender Versuch erläutern. Man schneide in ein undurchsichtiges
Papier mitten ein rechtwinkliges Loch so gross, dass darin fünf bis sechs Druck-
buchstaben Platz finden können. Damit bedecke man nun die bedruckte
Seite eines Buches, verschiebe das Blatt langsam (vorwiegend von rechts
nach links) und sehe zu, was in dem Ausschnitt sichtbar wird. Meist bekommt
man so nur unverständliche Bruchstücke zu lesen; bisweilen aber erscheint
ein ganzes Wort. Das ist dann mit einem solchen Einschnappen verbunden:·
hier ist alles klar, aufgeräumt, in Ordnung. — Jede einfache geschlossene
Umrissfigur ist mehrdeutig: man kann die schwarze Kontur eines Quadrates

---

<sup>1</sup> Siehe Satz 13.

<sup>2</sup> Siehe S. 20[1].

<sup>3</sup> Z. B. bei Sander (11) abgebildet.

<sup>4</sup> H. Werner, Rhythmik, eine mehrwertige Gestaltenverkettung. Z. Psychol. **82,** 198
(1919).

auf weissem Grunde zugehörig zur Quadratfläche oder zur Umgebung betrachten. Dabei erhält man verschiedene Bilder. Wie Fuchs[1] schildert, ist die Quadratfläche im ersteren Falle „vergraut“, im zweiten aufgehellt. Man kann die Kontur aber so ausbilden, dass eine von beiden Auffassungen eindeutig festgelegt wird. Das zeigen die Quadrate 1 und 3 auf der beigegebenen Tafel. Es ist dort ein allmählicher Übergang einmal zum Umfeld, einmal zur Innenfläche geschaffen, während die Kontur nach der anderen Seite scharf abgesetzt wurde. Bei 1 besteht „Kohärenz“ des weissen mit dem Umfeld, bei 3 mit der Quadratfläche. 1 ist tiefschwarz, 3 wie mit Nebel überzogen.

Rubin kennzeichnet die Eigentümlichkeiten von Figur und Grund im einzelnen. Das grössere umschliessende homogene Feld ist in der Regel Grund, das kleinere umschlossene Figur. Bei einfacher Aufteilung des Feldes durch Trennung in nur zwei in sich homogen gefärbte Flächen gehört die Grenzkontur zur Figur, während ihre besonderen Eigenschaften für den Grund erst bei einer (möglichen) Umkehrung herauskommen. Die Figur hat mehr Ding-, der Grund mehr Stoff-Charakter. Die Figur ist eindringlicher als der Grund und pflegt aus der Fläche herauszudrängen. Sie liegt auf dem Grunde, während dieser sich unter der Figur weg zu erstrecken scheint.

Besonders anschaulich tritt das Eigenleben von gestalteten Gebilden bei Inversionen von Körperbildern oder stereometrischen Modellen hervor. Ich möchte zunächst einige Versuche v. Hornbostels[2] beschreiben. v. Hornbostel benutzte einen aus Draht gefertigten Skelettwürfel von 6 cm Kantenlänge, an dessen eine Ecke, in Richtung der Diagonale (nach aussen) ein gerader (15 cm langer) Draht als Handhabe gelötet war. Mit Recht empfiehlt er, die Versuche mit einem solchen Modell nachzumachen, da man sonst gar keine Vorstellung der beschriebenen sonderbaren Erlebnisse gewinnen kann. Aus der Fülle der mitgeteilten Beobachtungen schneide ich die folgenden Versuche heraus. Sie sind alle zunächst für einäugige Betrachtung gemeint.

Ia. Ich halte den Würfel an seinem Stiele mit ausgestrecktem Arm nahe vor einen Spiegel derart, dass ich das Spiegelbild durch das Drahtgestell hindurch sehen kann. Wenn ich nunmehr ziemlich rasch drehe, so bemerke ich alsbald, dass ein kleiner Würfel (das Spiegelbild) in das Skelett, das ich in der Hand habe, hineingeschlüpft ist, und sich gleichsinnig mit ihm dreht. Jetzt kann ich auch ganz langsame Drehungen hin und her ausführen, um zu beobachten, wie der Spiegelwürfel ganz genau folgt. Wenn man hingegen jetzt von der Seite her Würfel und Spiegelbild betrachtet, so dass sie nebeneinander stehend sich nicht überschneiden, so sieht man ihre Drehung gegeneinander erfolgen. Nähert man sie nun wieder einander, indem man durch das Drahtmodell gegen den Spiegel blickt, „so kommt ein Augenblick, da der Objektkörper den Spiegelkörper in seine Bewegungsrichtung hineinreisst, und dagegen kannst du wahrscheinlich nichts machen“.

---

[1] W. Fuchs, Experimentelle Untersuchungen über die Änderung von Farben unter dem Einfluss von Gestalten. Z. Psychol. **92**, 249 (1923).

[2] l. c.

Ib. Ganz entsprechend lässt sich der Versuch mit dem Schatten des Würfels auf einer weissen Wand ausführen. Freilich kann das Schattenbild mit dem Objekt dann nicht völlig übereinander gelagert werden, da ja der Kopf sonst zwischen Lichtquelle und Würfel treten würde. Es genügt eine weitgehende Überschneidung. Auch der Schatten schlüpft in den Drahtwürfel bei dessen Drehung hinein und dreht sich mit ihm. Merkwürdig ist noch, dass der Schatten dabei körperlich erscheint aus einem hauchartig feinen Material, „Gespenst" nennt es v. Hornbostel.

Eine Beachtung des Drehungssinnes, den die Versuchsperson dem Würfelmodell erteilt, lehrt, dass sich im Schattenversuch gewöhnlich der Drahtwürfel augenscheinlich im Gegensinne dreht, während er im Spiegelbildversuch gewöhnlich die geplante Bewegungsrichtung erhält. Beide Versuche I enthalten Inversionen, die ohne Willen der Versuchsperson auftreten. Bei Ia ist gewöhnlich der Spiegelwürfel der invertierte, bei Ib meist der Objektwürfel. Die Tatsache der Inversion lässt sich aus der Umkehrung des Drehungssinnes entnehmen. Sie geht aber auch aus der verschiedenen Form des N- und I-Körpers[1] hervor, die sorgfältige Beobachtung erkennen lässt. Dieser Formunterschied wird im folgenden Versuch besonders deutlich!

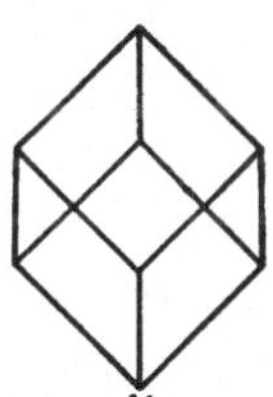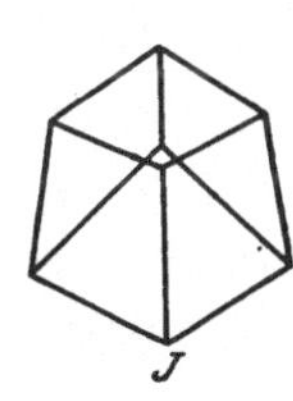

Abb. 14. (Nach v. Hornbostel.)

IIa. Man bringt den Würfel in die Stellung der Abb. 14 N und überzeugt sich, dass die Zeichnung richtig ist. Sodann invertiert man den Würfel willkürlich, am besten vor einer hellen Fläche. Mir gelingt das am leichtesten, wenn der Würfel der Abbildung entsprechend so steht, dass ich auf seine untere Fläche blicke. Nun bemühe ich mich, in der einäugigen Betrachtung die hinten liegende quadratische Begrenzungsfläche des Würfels nach vorne oben zu holen[2]. Ist die Inversion völlig gelungen, so vergleiche man mit Abb. 14 I: wieder ist die Darstellung völlig richtig. Wartet man, bis die Inversion umschlägt zurück in die N-Form, was z. B. durch vorübergehendes kurzes Öffnen des zweiten Auges meist sofort erreicht wird, so findet man wieder die Abb. 14 N verwirklicht.

IIb. Nunmehr drehe ich den invertierten Würfel ein wenig. Diesmal beachte ich scharf, dass ich nach rechts herum drehen will: der Würfel dreht sich aber nach links! Dabei hat man namentlich bei den ersten derartigen Versuchen den Eindruck, als drehe sich der Würfel gegen den tastenden Finger: es ist ein eigenartiges Tasterlebnis, das aufgezwungen erscheint. Man hat den Eindruck von etwas „Eigenwilligen und Ungehörigen" (S. 149).

IIc. Wie verhält sich weiter die Form des in Bewegung befindlichen

---

[1] Mit v. Hornbostel bezeichne ich das Nichtinvertierte mit N, das Invertierte mit I.

[2] „Willst du Konkaves invertieren, so sei Zange, willst du Konvexes umstülpen, sei Keil!" (S. 142).

I-Würfels? Die rautenartigen Flächen behalten ihre Form nicht: sie „verziehen" sich bei der Bewegung. Besonders deutlich wird dies, wenn man den I-Würfel um eine zur Kante parallele Achse dreht. Dabei kommt eine Stellung vor, in der ein kleines Quadrat dem Beschauer zugekehrt ist, ein grosses von ihm wegweist; das ganze ist ein Pyramidenstumpf. Dreht man nun weiter, so wird das kleine Quadrat zunächst zum Trapez, dann zum grossen hinteren Quadrat. Gar nicht lässt sich die Stellung erreichen, bei der etwa die kleine Fläche des Pyramidenstumpfes vom Beschauer weg läge. (Bei einem N-Pyramidenstumpf wäre das natürlich möglich). Es verändert sich also „dieses wacklige Ding" beim Drehen beständig. Noch schlimmer wird es, wenn man den Stiel, an dem der Würfel gehalten wird, ein wenig wegneigt: dann „nickt" der Würfel zu dem Beobachter hin. Es sieht fast beängstigend aus, als könne er herunterkippen. Man muss den I-Würfel förmlich auf dem Draht „balancieren". Man darf aber dennoch ruhig den Stiel z. B. ganz nach hinten umkippen: des Gelenk hält ganz fest; dabei wird sogar die Handhabe durch einzelne Kanten des Würfels hindurchgeführt; bei nahezu horizontaler Stellung des Stieles sitzt der Würfel mit seiner entferntesten Ecke auf dem Stiel und baut sich nach vorne um diesen herum. Die Beweglichkeit des balancierenden I-Würfels macht beim Umspringen in den N-Körper sofort einer zunächst auffälligen Starrheit Platz.

III. Endlich wird der Würfel auf den Tisch gestellt, am besten an dem Stiel senkrecht irgendwie festgeklemmt. Ist der Würfel invertiert, so bleibt er es gewöhnlich auch bei Bewegungen des Kopfes, sogar wenn man um den Tisch herumgeht, solange man ihn nur im Auge behält. Dabei macht er alle Bewegungen mit. Der I-Würfel dreht sich, wenn ich um den Tisch herumgehe in gleicher Richtung. Wenn ich den Kopf hebe, kippt er nach oben (hinten); senke ich den Kopf, dann neigt sich auch der Würfel nach unten (vorne). Der N-Würfel dagegen bleibt völlig ruhig, wenn ich mich bewege!

„Die Inversionen sind weder „Täuschungen", denen wir unterliegen, noch „Vorstellungen", die wir uns „machen", sondern Dinge, die wir, unter bestimmten Bedingungen, wahrnehmen" (S. 143). Die Bildungstendenzen dieser „Dinge" erweisen sich uns besonders in den Versuchen I. Allen Anstrengungen, die vorausgesetzte Sachlage zu erfassen, zum Trotz springt der kleine Würfel in den grossen hinein und dreht sich mit ihm. Aber auch II b zeigt in dem Tasterlebnis eine unerwartete Eigenwilligkeit. Indessen, betrachten wir einmal die übrigen Versuche genauer, so mag der erste Akt des Invertierens wohl in unser Belieben gestellt sein. Alles Weitere kommt sodann völlig unerwartet. „Das erste steht uns frei, beim zweiten sind wir Knechte". Man ist in der Tat durchaus überrascht und lacht über die Fähigkeiten dieses drolligen Gegenstandes (namentlich bei II c und III). In allen derartigen Versuchen lässt sich das eigentümliche Einschnappen in ein Neues hinein beobachten. Sehr übersichtliche Bedingungen für eine ungewollte

Inversion schafft ein von Verworn [1] beschriebener Versuch, den er mit der photographischen Aufnahme eines Brakteaten [2] ausführte. Das Bild von der Vorderseite, die an der erhabenen Mittelprägung und einem schüsselförmig nach oben gebogenen Rand kenntlich ist, legte er im Dunkelzimmer mitten zwischen zwei gleiche Tischlampen, die abwechselnd angedreht wurden, worauf die Versuchspersonen (die eine Lampe links, die andere rechts) möglichst ihren ersten Eindruck mitteilten. „Dabei ergab sich, dass die Aussagen fast ausnahmslos übereinstimmend waren, und zwar wurde bei Einfall des Lichtes von der gleichen Seite, von der es bei der Anfertigung der photographischen Aufnahme auf das körperliche Objekt aufgefallen war, der äusserste Rand nach oben umgebogen und die Schrift sowie die Zeichnung erhaben gesehen, bei entgegengesetztem Lichteinfall dagegen umgekehrt der äussere Rand nach unten umgebogen und das Bild vertieft". . . . „Bei der geschilderten Versuchsanordnung kann man es nun sehr leicht einrichten, dass das positiv aufgefasste Bild momentan in das negative übergeht, indem man die eine Lampe aus- und gleichzeitig die andere einschaltet. Macht man das so, dass einen kurzen Augenblick beide Lampen noch zugleich Licht geben, so dass die Versuchsperson das beleuchtete Bild kontinuierlich fixieren kann, ohne dass ein Moment der Dunkelheit dazwischen liegt, so sieht die Versuchsperson vor ihren Augen das Relief plötzlich ruckartig „umspringen", wie sich viele Versuchspersonen ausdrücken". Hier bedingt offenbar die gesamte Situation, insbesondere die Richtung des Lichteinfalles die „Deutung" des Gesehenen. Die widerspruchslose Einordnung in das neue Ganze bewirkt die Veränderung. Bei den planmässigen Inversionen v. Hornbostels ist das grössere Ganze, mit dem sich der Körper ändert, die innerliche Stellungnahme der Versuchsperson zum Objekt. Eine gefühlsartige Verankerung ist dabei unverkennbar.

„Das Konvexe ist gegen mich geschlossen, schliesst mich aus, verwehrt meinem Blick das Eindringen durch Undurchsichtigkeit, meiner Hand durch Undurchdringlichkeit. Ich kann es umfassen, umgreifen, umgehen. Es hebt sich hervor, kommt auf mich zu, dringt auf mich ein, ist gegen mich gerichtet. Das Konvexe ist gegenständlich. Gegenstände sind konvex.

„Das Konkave ist vor mir offen, schliesst mich ein, lässt meinen Blick, meine Hand, mich eindringen. Es umfasst, umgreift mich, „geht" um mich herum. Es weicht von mir weg, flieht, ist Hintergrund, leer. Das Konkave ist raumhaft. Räume sind konkav.

„Invertieren heisst: Konvexes konkav, Konkaves konvex machen; das Von-aussen und Von-innen vertauschen; gegen mich Geschlossenes öffnen

---

[1] Diese Versuche, die Verworn etwa 1920 z. T. mit mir ausgeführt hat, sind nicht publiziert. Ich zitiere nach einem mir von seiner Witwe übergebenen Fragment.

[2] Brakteaten sind „papierdünne Silberblech-Münzen, die nur von einer Seite her geprägt sind, so dass die Rückseite das genaue Negativ der Vorderseite bildet". Verworn benutzte solche aus dem 13. Jahrhundert.

und eindringen, vorn Offenes schliessen und mich ausschliessen; das Hervorstehende zurückdrängen, das Weichende hervorheben; das Gegenständliche zum Raum verflüchtigen, das Raumhafte zum Gegenstand festigen" (S. 154).

Die Bedeutung der v. Hornbostelschen Versuche, die vor allem auch dem Verständnis des Raumsinnes dienen, kann hier nicht ausgeschöpft werden. In Satz 12 komme ich noch einmal darauf zurück. An dieser Stelle möchte ich noch auf die Unvereinbarkeit der Versuchsbefunde II a und c mit der Konstanzannahme hinweisen (Satz 6). Eingehenderes Durchdenken ergibt, dass auch der N-Würfel nicht mit den optisch bedingten perspektivischen Verkürzungen gesehen wird. „Wir pflegen uns um die Verhältnisse auf der Netzhaut, wenn wir wahrnehmen, nicht zu kümmern". So bemerken wir den reizmässigen Grad perspektivischer Verkürzungen von gesehenen kreisrunden Gegenständen oft erst im Nachbilde an der erstaunlich abgeflachten Ellipse, wenn nämlich der betrachtete Teil im Nachbild mehr isoliert auftritt.

Die folgenden Hauptsätze bringen noch andere Bildungstendenzen. Besonders eindringlich sind die in Satz 12 mitzuteilenden Bewegungserscheinungen.

**10. Es gibt ausgezeichnete Gestalten, die besonders leicht in Erscheinung treten. „Nicht jedes beliebige geometrisch mögliche Gebilde kann auch phänomenal realisiert werden" (Koffka). „Der Reizreihe steht eine begrenzte Zahl von mehr oder weniger ausgeprägten Qualitätsbereichen gegenüber, die sprunghaft ineinander übergehen" (Sander). [Prinzip der Stufen.]**

„Phänomenale Gebilde sind ausgezeichnete Gebilde". Dieser kurze Satz Koffkas umfasst im Grunde das ganze Gestaltgesetz, und die Aufgabe der folgenden Sätze bleibt nur, auszuführen, worin jene Auszeichnung besteht. Zuerst soll die Tatsache, dass gewisse Gestalten unseren Sinnen, unserer Auffassung besonders — um ein Goethesches Wort zu benutzen — „gemäss" sind, belegt werden. Die letzten drei Hauptsätze könnten dann ganz knapp überschrieben werden: Gestalten sind und wollen sein[1] ganz, einfach, sinnvoll. Insgesamt handelt es sich, wie sogleich im Einzelnen geschildert sei, um das Prägnanzgesetz Wertheimers.

Ein ausgezeichnetes Gebilde der Wahrnehmung ist der Kreis[2]. Schon bei kürzester tachistoskopischer Darbietung wird er noch klar erkannt, während kompliziertere Figuren oft zunächst als Kreise aufgefasst werden. „Jede kleinste Fläche, sei sie kreisförmig oder gleichseitig-polygonal, erscheint unter

---

[1] Phänomenal genommen scheint es mir erlaubt, hier von „Wollen" zu sprechen!

[2] L. Hempstead, The perception of Visual Form. Amer. J. Psychol. **12**, 185 (1900). — A. Kirschmann, Über die Erkennbarkeit geometrischer Figuren und Schriftzeichen im indirekten Sehen. Arch. f. Psychol. **13**, 352 (1908). — F. Rüsche, Über die Einordnung neuer Eindrücke in eine vorhergegebene Gesamtvorstellung. Z. Psychol. **10**, 265 (1900).

kleinem Gesichtswinkel kreisrund [1]". „Wenn man 3, 4, 5 oder 6 Punkte
regelmässig um ein Zentrum anordnet, so hat man den Eindruck eines 3-, 4-,
5- oder 6-Eckes. Nimmt man dagegen 8 Punkte, so tritt zwangsmässig nicht
die Gestaltwahrnehmung eines 8-Eckes, sondern die eines Kreises auf [2]".
Man betrachte die Punktkonstellation der folgenden Anordnung: 11 liegen
auf einer Kreisperipherie, ein 12ter nicht weit von der Peripherie entfernt innen
oder aussen. Dann ist letzterer nicht ebenso fest an seinen Ort gebannt wie die
übrigen; er erhält Bezug zu dem Kreisumriss, aus dem er „verschoben" erscheint [3]. Eine Reihe von Punkten mag nun eine Sinuslinie (die natürlich
nicht gezeichnet ist) umgeben, so zwar, dass keiner von den
Punkten gerade auf ihr liegt, dann wird der typische Sinusver-
lauf gesehen und nicht etwa das komplizierte unregelmässige
Gebilde, das durch Verbindung der jeweils benachbarten Punkte
entstehen würde. „In beiden Beobachtungen ist das phänomenale Gebilde gegenüber der geometrischen Form der Reizkonstellation in charakteristischer Weise verändert, es erscheinen
einfache Gestalten, und die Lage der einzelnen Punkte bestimmt
sich in bezug auf diese, nicht aber bestimmen die Punkte
durch ihre Lage die Gestalten" (Koffka 19, S. 550).

Wohlfahrt [4] arbeitete im Dunkelraum mit hell leuchtenden Strichfiguren, deren eine in Abb. 15 zu unterst wiedergegeben ist. Die Objekte wurden in extremer Verkleinerung
gezeigt und sodann stufenweise vergrössert, bis sie mit einer
subjektiven Endgültigkeitsfärbung erkannt wurden. Auch bei
diesem Verfahren bildet sich aus dem zunächst ungegliederten,
diffus abgehobenen Ganzen als erstes ausgeprägtes Gebilde die
Kreisgestalt. Dann erfolgt bei weiterer Vergrösserung zunehmende

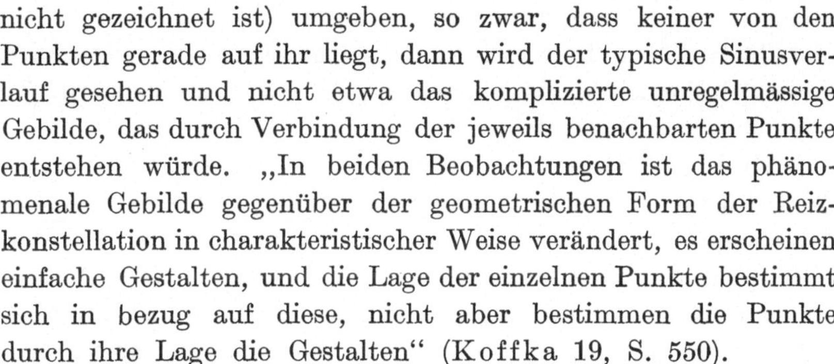

Abb. 15.
(Nach
Wohlfahrt.)

Gliederung, die sprunghaft zu immer neuen Gebilden fort-
schreitet. Dabei sind geometrisch regelmässige und symmetrische Figuren
eindeutig bevorzugt. Eine derartige Reihe aufeinanderfolgender Gebilde gibt
Abb. 15 wieder. Sie ist von oben nach unten zu lesen, allmählich zu der
Form der dargebotenen Figur fortschreitend. Zu beachten sind vor allem die
Neigung zum regelmässigen Fünfeck und die vorerst symmetrisch aufgefasste
Binnengliederung. Der reizgemässen Erfassung geht endlich noch eine bereits
ganz entsprechende nur geschlossene Figur voraus. — Der Kreis erweist sich

---

[1] F. B. Hofmann, Über das Formensehen. Ber. 7. Kongress exper. Psychol. Marburg 21,
126. Jena 1922. — Entsprechendes lässt sich durch andere Methoden der Reizreduktion
(Satz 5) erzielen.

[2] Versuche von Bourdon; nach Rupp im 6. Kongress Ber. exper. Psychol. 148.

[3] Dazu auch Satz 12.

[4] E. Wohlfahrt, Der Auffassungsvorgang zur kleinsten Gestalt. Erscheint Neue psychol.
Stud. 4.

auch im taktilen Gebiete als herausgehoben. So konnte Benussi[1] den Eindruck kreisförmigen Herumfahrens durch sukzessive Berührung dreier Hautstellen in Dreiecksanordnung erzeugen[2]. Das Übergewicht symmetrischer Gebilde lehren auch Versuche von Strauss[3]. Abb. 16 zeigt eine ihrer Figuren, die mehrere Sekunden dargeboten wurden. Die punktierten Senkrechten waren rot gezeichnet, die übrigen Linien schwarz. Obwohl die einheitlich gefärbten Geraden zusammen eine Reihe von Rauten bestimmen, herrschten in den Beschreibungen der Versuchspersonen die Quadrate

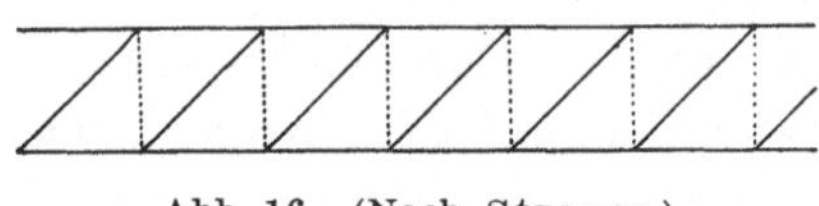

Abb. 16. (Nach Strauss.)

vor, die nur durch verschieden farbige Konturen zusammensetzbar sind. Unter 10 Vierecksbestimmungen erhielt die Untersucherin 7 mal „schwarz diagonalisierte Quadrate".

Kreis und Symmetrie lassen sich als ausgezeichnete Prinzipien auch der Gestaltung verfolgen. Kinderzeichnungen beweisen eine unverkennbare Bevorzugung kreisartiger Gebilde. Hier sei nur auf die Wiedergaben des Gitterquadrates (Abb. 5) verwiesen. Ebenso dürfte die Malerei Geisteskranker, die sich häufig in formal-gesetzliche Arabesken auflöst, reichliches Belegmaterial liefern. Verworn[4] spricht von einer „ornamentalen Ideoplastik",

Abb. 17. Ornamentale Umbildung einer griechischen Münze durch die Kelten. — a Apollokopf auf einem Goldstater Philipps II. b und c keltische Nachbildungen aus Frankreich. (Nach Verworn.)

die sich namentlich in primitiver Kunst bekundet. Ich entnehme seinen Studien die keltischen Nachbildungen einer griechischen Münze (Abb. 17). Die Neigung zu runden und symmetrischen Umbildungen tritt deutlich hervor. Mach stellt in seiner Analyse der Empfindungen (6. Aufl., S. 96) ganz entsprechende Bildungsprinzipien für die Schrift fest. Unter den 24 grossen

---

[1] v. Benussi, Kinematohaptische Scheinbewegungen und Auffassungsumformungen. Ber. 6. Kongress exper. Psychol. Göttingen 1914, 30.

[2] Bezüglich Bewegungsempfindungen verweise ich auf die erwähnte Untersuchung von E. Lippert.

[3] l. c.

[4] M. Verworn, Ideoplastische Kunst. Jena 1914.

lateinischen Buchstaben gibt es 10 vertikal symmetrische (A, H, I, M, O, T, V, W, X, Y) [1], 5 horizontal symmetrische (B, C, D, E, K), 3 zentrisch symmetrische (N, S, Z) und nur 6 unsymmetrische (F, G, L, P, Q, R) [2].

Das Prinzip der Stufen ist in den mitgeteilten Versuchen von Bourdon und Wohlfahrt bereits erkennbar. Beim Übergange von 6 zu 8 Punkten tritt sprunghaft etwas qualitativ Neues auf, nach dem Sechseck der Kreis. Auch die erwähnte Erscheinung des Einschnappens ist eine Art Stufung. Deutlich wird der gemeinte Tatbestand von Koffka an Winkeln demonstriert (19). Er betrachtet Winkel in dem Bereiche um $90^0$ herum und stellt fest, dass $85^0$ bereits als Rechter, freilich als ein „schlechter" gefasst wird. „$85^0$ unterscheidet sich qualitativ anders von $75^0$ als $75^0$ etwa von $65^0$" (S. 551). Die Winkel von $85^0$ oder $95^0$ existieren phänomenal nicht: sie sind zu kleine oder zu grosse Rechte. Die Variation der Phänomene erfolgt in „Prägnanzstufen". Das gleiche gilt für Tonintervalle. Kleine Abweichungen von den physikalisch durch einfache Schwingungsverhältnisse gekennzeichneten Quinten oder Quarten lassen die Auffassung der betreffenden Klänge an sich unberührt, nur tritt ein Moment der Unreinheit oder Verstimmung dabei auf. Den Sanderschen Satz der vorstehenden Hauptsätze belegt vielleicht am anschaulichsten die Reihe bunter Farben. Der kontinuierlichen, physikalisch definiert nur quantitativen Vielheit der Wellenlängen steht die begrenzte qualitative Mannigfaltigkeit der Farben gegenüber, die noch besonders ausgezeichnete Punkte (die 4 Urfarben) enthält. Auch funktional lassen sich Prägnanzstufen nachweisen. So in den Satz 5 erwähnten Untersuchungen Schneiders über die Unterschiedsempfindlichkeit für Rechteckseiten. Die durch verschiedene Seitenverhältnisse bestimmten Rechtecke zeigten wechselnde Empfindlichkeit gegen Veränderungen. Drei Gruppen liessen sich unterscheiden, die in der Reihe der Rechtecke (bei fortschreitender Zunahme der vertikal stehenden Seite) einander abwechseln. 1. Für die Veränderung relativ starr und unempfindlich sind Quadrate und Rechtecke mit einfachen Seitenverhältnissen, worunter das Quadrat durch die gröbste Schwelle ausgezeichnet ist. 2. Hohe Empfindlichkeit besitzen Rechtecke komplizierterer Proportionen, worunter Schneider den Goldenen Schnitt herausheben zu sollen glaubt [3]. 3. Zwischen diesen ausgezeichneten Punkten der Funktion,

---

[1] 4 davon sind ausserdem horizontal symmetrisch (H, I, O, X).

[2] Für die Ornamentbeschreibung sind die von Wilhelm Ostwald in seiner „Harmonie der Formen" (Leipzig 1922) befolgten Grundsätze sehr nützlich. Er unterscheidet drei Prinzipien, die alle auf der Wiederholung eines einfachen Grundmotives beruhen: Schiebung, Spiegelung, Drehung. In dieser Reihenfolge scheinen sie zugleich in der Prähistorischen Kunst aufzutreten.

[3] Mir scheint zweifelhaft, ob für die Flächengestalt wirklich der Goldene Schnitt Bedeutung besitzt, da die Summe der Seitenlängen, die doch die Proportion mit bestimmt, nicht anschaulich gegeben ist. Dagegen halte ich das Seitenverhältnis $1 : \sqrt{2}$ (Quadratseite zu Diagonale) für eine erlebbare Besonderheit. Hier ist nämlich eine bestimmte Flächenform gekennzeichnet: ihre Teilbarkeit in jeweils zwei gleiche Teile, die dieselbe Proportion wie die Ausgangsfigur besitzen.

die die Versuchsergebnisse darstellt, liegen Rechtecke mittlerer Empfindlichkeit. Das Quadrat ist eine besonders ausgeprägte Gestalt, dessen Gleichgewichtigkeit der Seiten sich zu erhalten strebt. Deshalb sind kleine Verstimmungen unbedeutend: der Quadratcharakter hat einen gewissen Geltungsbereich. Dagegen werden ausgezeichnete Rechtecksproportionen (2.) besonders leicht qualitativ geändert und besitzen daher eine niedrige Schwelle. Zwischen dem ausgesprochenen Rechteck und dem Quadrat befindet sich noch ein Punkt höchster Empfindlichkeit, den Sander als Kippungsschwelle bezeichnet: hier steht das Gebilde gerade zwischen zwei Bereichen ausgeprägter Gestalten. Ausgezeichnete Punkte für den Grad der Innigkeit hat Ipsen (13) an dem Material optischer Täuschungen studiert. Bei der bekannten Kreisbogentäuschung [1] fand er eine Abhängigkeit ihres Grades von dem Abstande der Teilfiguren. Bei einem mittleren Abstande erreicht die Täuschung ihr Maximum (bis $22^0/_0$ [2]) und wird bei kleinerem ($21^0/_0$) und grösserem Abstande ($13,5^0/_0$, bis zum völligen Verschwinden) schwächer. Dazwischen gibt es aber Stellen maximaler Innigkeit, an denen die Täuschung ein Minimum erreicht: am deutlichsten wird das bei einem Abstande von gerade einer Bogenbreite [3] ($13,5^0/_0$). In einem anderen Falle, nämlich dem in einem Kreis eingeschlossenen Kreuz ist der Grad der Täuschung eine Funktion der Innigkeit. Die Vergrösserung der eingeschriebenen Figur erreicht ein Maximum zugleich mit der Innigkeit bei den Proportionen des Goldenen Schnittes [4]. Diese Beobachtungen erweisen wiederum ausgezeichnete Gestalten. Bei gleichmässigen Abstandsänderungen treten sprungweise Bereiche auf, in denen erhöhte Innigkeit des Gefüges beobachtet wird. „Für die Gestalten gilt demnach nicht das Prinzip der Minimaländerungen und der Stetigkeit, aber auch nicht starre Grenzen ohne Übergänge, sondern ein Drittes, das gleichsam eine Vereinigung beider darstellt und das man vielleicht am treffendsten als Prinzip der Stufen bezeichnen kann" (Ipsen 13, S. 261).

## 11. Gestalten streben zu ihrer Erhaltung und Ergänzung. Zerlegte Gestalten ergeben neue Gestalten.

Eine Tendenz zur Erhaltung der Gestalten verraten bereits die in Satz 8 mitgeteilten Befunde eines Widerstandes gegen Herauslösen von Teilen

(Es ist übrigens das Format der Deutschen Industrienorm „DIN", z. B. Reichspostkarte. Siehe auch W. Ostwald l. c.) Dieses Seitenverhältnis läge für Schneiders Kurve bei 42,4 und 84,9. Der erste Punkt liegt etwas näher an dem Minimum 40 als die Proportion des Goldenen Schnittes der zweite würde das Minimum bei 85 erklären.

[1] Von zwei kongruenten parallel gelagerten Ringquadranten erscheint derjenige, der die konkave Seite nach aussen wendet, grösser.

[2] Zahlen, die I. für eine Versuchsperson mit ausgeprägt synthetischer Auffassung erhob. (Vp.VIII.)

[3] Dieser Punkt liegt zwischen dem kleinsten und günstigsten Abstande.

[4] Diese Proportion: „Randbreite zu Innenradius wie Innenradius zu Gesamtradius" dürfte unmittelbar erlebbar sein.

(Seifert; Sander-Heiss). In ähnlicher Weise deuten Gelb und Granit[1] ihre Ergebnisse über die Bedeutung von Figur und Grund für die Farbschwelle. Sie fügen in ihren Versuchen gewissermassen in die Gestalt etwas Neues hinein und prüfen den erforderlichen Aufwand, dieses Neue durchzusetzen. Ein graues Maltheserkreuz auf grauem Grunde verschiedener Helligkeit (und zwar für jede Farbzusammenstellung hell auf dunkel und dunkel auf hell) wurde der Versuchsperson dargeboten. Rotes Licht abstufbarer Intensität wurde gleichzeitig so in das Auge gespiegelt, dass ein kreisförmiges Scheibchen einmal im Figur-, einmal im Grundfelde erschien. Die Schwelle der Sichtbarkeit dieses bunten Fleckchens wurde bestimmt. Die Figurfeldschwelle erwies sich grösser als die Grundfeldschwelle. Der auftretende rote Fleck erzwingt im Gesichtsfelde das Entstehen einer neuen Figur. Im Figurfelde muss dazu der Widerstand der ausgeprägten Gestalt gegen jede Störung ihres Charakters überwunden werden.

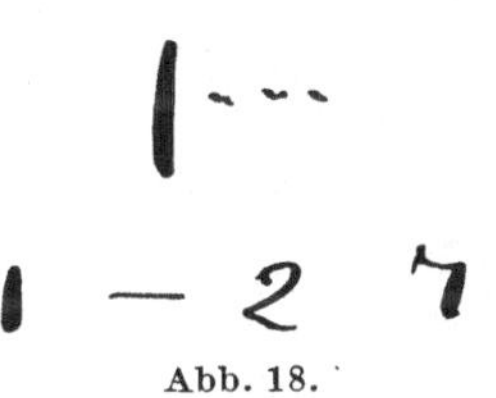

Abb. 18.

Die Tendenz zur Ergänzung lässt sich an Gestalten zeigen, die man gleich mit irgendeiner Unvollständigkeit behaftet vorführt. Eine Kreisperipherie, die an einer kleinen Stelle offen geblieben ist, erzeugt einen „Druck auf Ausfüllung dieser Lücke" und zwar „aus innerer Dynamik des „nahezu fertigen Gebildes" (Köhler 16, S. 379)". Alltägliche Beispiele liefern die Schriftzüge einer „ausgeschriebenen" Handschrift, namentlich, wenn sie einen eigenen Stil besitzt. Im Ganzen etwa eines Briefes werden oft (einzeln gesehen) verblüffende Rudimente ohne Schwierigkeit gelesen. Abb. 18 bringt einen solchen Fall. Die Zeichen der ersten Zeile wird man in Abb. 18 kaum deuten können; in Abb. 20 (auf der nächsten Seite) wird die Briefanrede meist sofort erkannt. Das aus dem Text herausgelöste Stück in der zweiten Zeile der Abb. 18 hat einen ganz anderen Sinn als im Zusammenhang der Abb. 20. Hiermit belegen wir nochmals den in Satz 6 ausgesprochenen Satz, dasselbe Stück sei in verschiedenen Ganzen verschieden. Daraus ergibt sich zugleich die hier vorangestellte Einsicht: Zerlegte Gestalten ergeben neue Gestalten. Dies lässt sich im Anschlusse an die letzten Beispiele auch wie folgt ausdrücken. Ist die Zerstörung eines gestalteten Gebildes soweit getrieben, dass die Ergänzung des Ursprünglichen nicht mehr möglich ist, so betätigt sich der Drang zur Erhaltung von Ganzheit darin, dass neue, möglichst in sich geschlossene Gestalten entstehen. Dazu möchte ich eine Beobachtung mit einem etwa vierjährigen Mädchen mitteilen. Das Kind spielte mit einem der bekannten Legespiele. Auf die sechs Flächen eines Würfels ist jeweils ein Ausschnitt eines anderen Bildes geklebt. Es sollte nun das Bild der in Abb. 19 wiedergegebenen Vorlage zusammengesetzt werden.

---

[1] A. Gelb und R. Granit, Die Bedeutung von Figur und Grund für die Farbenschwelle. Z. Psychol. **93**, 83 (1923).

Die dazu gehörigen sechs Klötzchen reichte ich dem Kinde einzeln hin, wobei es die Aufgabe hatte, den Würfel solange herumzudrehen, bis die zur Vorlage gehörige Ansicht gefunden war. Bei dem Klötzchen, das das in Abb. 19 getrennt wiedergegebene Stück trug, wollte es nicht gelingen, die richtige Seite

ausfindig zu machen. Deshalb zeigte ich noch einmal der Reihe nach die verschiedenen Würfelflächen dieses Klötzchens mit der Frage, „gehört das dazu?" Zu meiner Überraschung wurde dabei auch die richtige Seite abgelehnt. Eindringlicheres Fragen erbrachte die Aufklärung: „Aber der Junge (auf dem Klötzchen) hebt doch beide Hände hoch!" (So kann er doch gar nicht Ringelreihe spielen!) Das herausgeschnittene Stück ist für das Kind in der Tat ein neues, in sich geschlossenes Ganzes, mit eigenen motorischen, affektartigen Antrieben. Dies Stück ist wahrlich in dem Bild der Vorlage nicht enthalten (Satz 6).

Abb. 19.

Auch dieses Beispiel zeigt übrigens die bereits in Satz 5 betonte überlegene Innigkeit des kindlichen Wahrnehmungsgefüges. Der Landschaftsmaler pflegt Teile des natürlichen Rundblickes abzudecken, um sich so in der Anschauung den Abschluss eines neuen Ganzen, des Bildes, zu schaffen.

Hier lässt sich die Frage anschliessen, in welchem Masse Neues entstehen kann bei planmässigem Abbau eines gestalteten Gebildes. Sie wurde von einer anderen Seite unter Satz 7 angegangen, als die Wertigkeit verschiedener

Abb. 20.

Stücke für den charakteristischen Bestand eines Gefüges erörtert wurde. Das dort herangezogene Beispiel (Abb. 7) würde für den hier gemeinten Standpunkt etwa lehren: in a, b, c ist ein verhältnismässig natürlicher Abbau des Ausgangsgebildes (Abb. 4a) erfolgt, während d, e, f durch die Wegnahme bestimmter Stücke ihre Wesensverwandtschaft mit jenem verloren haben. Die vollständige Zerlegung in vier Hakenkreuze würde unter diesem Gesichtswinkel auch noch eine gewisse Grundeigentümlichkeit des aufgelösten Gebildes wahren (vierzähliges, bewegtes Motiv mit Rechtsdrehung) [1]. Die angeschnittene Frage wird nicht leicht allgemein beantwortet werden können, und doch ist sie zweifellos von grundlegender methodischer Bedeutung. Im einzelnen Falle setzt ihre Lösung weitgehende Einsicht in das vorliegende Gefüge voraus.

Koffka (19) weist darauf hin, dass eine Frage, eine Aufgabe nichts ist, als eine **Denkgestalt mit Lücken.** Von einer solchen Gestalt gehen Tendenzen zur Schliessung der vorhandenen Lücken aus, die durch die Antwort „erfüllt" werden. Auch hier wiederum das Streben zum Ganzmachen von Gestalten! Ähnliches Lücken-Schliessen beobachtet man in Betätigungen des Spieltriebes. Jedes Kombinieren bedeutet nichts anderes als die Schliessungsfähigkeit verschiedener Teile zur Er-„gänzung" einer lückenhaften Gestalt erproben. Das **Gesetz der Gestaltsergänzung** tritt an die Stelle des alten Assoziationsgesetzes. Die dabei wirkenden Kräfte können erst in Satz 13 erörtert werden, da hier nur die Tendenz zur Ergänzung als solche festgestellt werden sollte. Eigenartig ist an den hier genannten Tatbeständen, dass sie uns als unvollständige, unfertige Gebilde **gegeben** sind, an denen wir erst Lücken entdecken. Über die Tauglichkeit eines zur Schliessung aufgewandten Mittels entscheidet erst das damit entstehende neue Ganze, nämlich seine Geschlossenheit, seine Vollkommenheit. Den Antrieb zur richtigen Lückenschliessung müssen wohl Wesenseigentümlichkeiten des **fertigen** Ganzen geben, das so zunächst noch gar nicht da ist, sich uns aber ankündigt in dem Augenblicke, in dem wir seine Lückenhaftigkeit finden!

**12. Jede Gestalt strebt zu schärfster Ausprägung ihres Wesens. Der dabei auftretende Druck kann eigentümliche Bewegungserscheinungen bedingen. Die Ausgeprägtheit des Gestaltgefüges wird von Angleichung und Abhebung getragen.**

Die in Satz 10 herausgehobenen Gebilde zeichnen sich offenbar vor jenen, mit denen sie verglichen wurden, durch ihre Einfachheit aus. Der Kreis ist ungegliedert, geschlossen, gleichgewichtig. Das Quadrat ist durch die Gleichgewichtigkeit der Seiten vor allen Rechtecken ausgezeichnet. Ein symmetrisches Gebilde ist durch Spiegelgleichheit „vereinfacht" (Abb. 17c); auch hier wieder die Ausgewogenheit der Teile. Unter gewissen Umständen kann endlich der rechte Winkel als der einfachste Fall angesehen werden. Ist er mitten auf einer Geraden angetragen (Mittellot), so bildet er wiederum eine symmetrische Figur, indem er die von der Geraden abgegrenzte Fläche in gleiche Teile zerschneidet. Die Tatsache der ausgezeichneten Gestalten liesse sich somit als „Tendenz zum Zustandekommen einfacher Gestalten" beschreiben. Dazu scheinen überdies Beobachtungen unter weniger übersehbaren, komplexeren Versuchsbedingungen aufzufordern. Häufig zeigen sich da Veränderungen von Teilgegebenheiten im Sinne einer möglichst einfachen Gesamtsituation. Dies belegen z. B. die in Satz 9 geschilderten

---

[1] Siehe **22, 31** u. **38.**

Versuche v. Hornbostels. Er selbst schreibt von dem Spiegelversuch: „Wird nun gedreht, so siegt in dem Gewirr sich kreuzender und verschiebender Kanten die einfachste Gestalt, und das ist das Gesamtsystem der beiden ineinander geschachtelten N- und I-Körper, die sich gleichsinnig drehen". Befunde der gleichen Art bringen Untersuchungen von Helene Frank „über die Beeinflussung von Nachbildern durch die Gestalteigenschaften der Projektionsfläche" [1]. Sie projizierte u. a. das Nachbild eines Malkreuzes, dessen linke Schenkel rot, dessen rechte grün gezogen waren, in die Umrissfigur eines Malkreuzes auf der Projektionswand. Das Nachbild als solches wurde in der Regel als ein grüner und ein roter Rechter, die an ihren Scheiteln zusammenstossen gesehen. Wurde nun die Figur der Projektionsfläche in der Auffassung als Malkreuz festgehalten, so verwandelte sich das Nachbild darin zu einem homogen (dunkelblaugrün) gefärbten Kreuze. Ein von Hamburger herangezogener Versuch Ernst Machs sei noch erwähnt. Mach liess ein auf dem Tisch liegendes Hühnerei um eine Vertikalachse mässig schnell rotieren. Dann kam ein Eindruck zustande, als sei das Ei aus einem elastisch-deformierbaren Material, das sich, etwa wie ein Quecksilbertropfen es könnte, einmal nach links-rechts, dann nach oben-unten hin ausdehnte und dazwischen eine kugelige Mittelstellung einnahm. Bezüglich der Gesamtreaktion des Organismus macht Koffka darauf aufmerksam, dass sich das Hinwenden des Kopfes zu einer Schallquelle (beim Säugling) als auf ein möglichst einfaches Gehörserlebnis gezielt verstehen lässt. Bei beliebiger Schallrichtung zu der Stellung des Kopfes treten, wie v. Hornbostel [2] gezeigt hat, zeitliche Verschiebungen der Reizung der beiden Ohren auf. Es muss daher der Gesamterregungsvorgang im Gehirn einfacher werden, wenn der Schall beide Ohren gleichzeitig erreicht und daher die Einzelerregungen der beiden Gehörsorgane vollständig übereinstimmen [3].

Koffka hat nun das Gesetz der einfachen Gestalt auch als Bestreben bezeichnet, dass „jede Gestalt so gut wie möglich wird". Damit geht er schon über den strengen Inhalt des Wortes „einfach" etwas hinaus, und es wäre die Frage zu erörtern, ob die Kennzeichnung der Gezieltheit auf einfachste Gestalten für den Bildungsvorgang ausreicht oder nicht. Allein die Tatsache, dass der höchste Grad von Einfachheit, der sich denken lässt, nämlich völlige Homogenität bei maximaler Innigkeit, den einzig wirklich aufzeigbaren Gegenpol zu Gestalten („amorph") darstellt, muss hier stutzig machen. „Gute" Gestalten — beste Gestalten hingegen dürften wie die „höchsten" Gestalten äusserste Differenzierung mit weitestgehender Einheitlichkeit in der Abgewogenheit zwischen Gliederung und Bindung vereinigen. Das „Gesetz der guten

---

[1] H. Frank, Psychol. Forschg **4,** 33 (1923).

[2] E. M. v. Hornbostel, Beobachtungen über ein- und zweiohriges Hören. Psychol. Forschg **4,** 64 (1923).

[3] 19. S. 584. Ähnliche Ableitungen bringt Koffka für die Fixationsbewegungen der Augen.

Gestalt" zielt daher auf etwas anderes als Einfachheit; dieses eigentümliche Gestaltungsideal wird wohl am besten „Ausgeprägtheit" genannt. Wenn Koffka einen Winkel von 85° als einen „schlechten Rechten" bezeichnet, so will er damit gewiss nicht sagen, dieser Winkel sei „weniger einfach". Sehen wir einen solchen Winkel, so bemerken wir, dass es offenbar ein rechter „sein soll". Aber wir finden, dass er es „nicht ganz" ist, dass er nicht völlig das Wesentliche „trifft". Demgemäss sprechen Stumpf und Meyer[1] von „Übertreibungen zugunsten des Charakters", wenn etwa die grosse Terz gegenüber den physikalisch reinen Schwingungsverhältnissen ein wenig vergrössert, die kleine verkleinert wird. Den Tatbestand der Ausgeprägtheit nennt Wertheimer auch „Prägnanz". Andere sprechen von einer Tendenz zur „charakteristischen Gestalt" (Fuchs) oder zur „Verwesentlichung" (Werner). Sander drückt mit einem G. E. Müller entlehnten Worte aus, dass die Gestalt ein gewisses, typisches Urbild zu erreichen sucht: „Eidotropie". Es kommt darauf an, einzusehen, dass alle diese Umschreibungen tatsächlich mehr sagen als „Einfachheit". Ich glaube, die Auswahl der Beispiele dieses Kapitels ist dazu dienlich. Gewiss lässt sich ein Vergleichspaar denken, dessen eines Stück einfacher, dessen anderes aber ausgeprägter ist. Sander weist auf das tachistoskopische Experiment grossen Stiles, das uns im Blitz gegeben ist, hin und zeigt (11, S. 56) eine stark verregelmässigte Blitz-Darstellung aus dem Anfange des 16. Jahrhunderts. Man kann bisweilen im Zweifel sein, ob die photographische Aufnahme eines Blitzes oder die übliche Wiedergabe unseres Eindruckes einfacher ist. Sicher aber ist der bekannte Zickzack charakteristischer, das Wesen jenes kurz dauernden blanken Funkens besser ausdrückend — ausgeprägter! Auch scheint es mir gewiss nicht ausgemacht, ob der vorhin erwähnte Versuch Machs mit dem rotierenden Ei wirklich die einfachste Bewegungsform erscheinen lässt. Wieder dürfte die Bezeichnung ausgeprägt treffen. Verwandt sind die Versuche von Gehrke und Lau[2] an rotierenden Kreiselscheiben. Lässt man auf einem Farbenkreisel eine schwarze Scheibe (23 cm Durchmesser), die durch ein weisses Pluszeichen (Strichbreite etwa 2 cm) in vier Quadranten geteilt ist, mit einer Geschwindigkeit von einer Umdrehung pro Sekunde kreisen, so kann man zunächst noch das sich drehende Kreuz erkennen. Erhöht man die Rotationsgeschwindigkeit, so verwandelt sich bei etwa 1,3 das Kreuz in einen regelmässigen fünfstrahligen Stern, der bei weiterer Beschleunigung in einen sechsstrahligen übergeht, bis Flimmern und Verschmelzung eintreten. Es lässt sich zeigen, dass für einen mittleren Bereich der Kreiselscheibe bereits bei einer Umdrehungszahl 1 die Bedingungen für das Auftreten der mehrstrahligen Sterne erfüllt sind. Man erkennt das,

---

[1] C. Stumpf u. M. Meyer, Massbestimmungen über die Reinheit konsonanter Intervalle. Z. Psychol. 18, 321 (1898).

[2] E. Gehrcke u. E. Lau, Versuche über das Sehen von Bewegungen. Psychol. Forschg. 3, 1, (1923).

sobald man die peripheren Teile durch eine Blende abdeckt. Somit liesse sich behaupten: Ich sehe bei Betrachtung der ganzen Scheibe ein klares Kreuz und nicht etwa innen einen 6-Stern, dann in einem Bereich den 5-Stern und aussen nur 4 Strahlen; der Eindruck des Ganzen ist mithin vereinfacht. Aber das Erscheinen jener Fünf- und Sechs-Strahler überhaupt kann nicht ohne weiteres als eine Vereinfachung des Überganges zwischen klarem Kreuz und Flimmern angesehen werden. Hier handelt es sich vielmehr um Prägnanzstufen.

Hamburger (21) versucht, ein Prinzip der minimalen Energieaufwendung für das Verständnis der Bewusstseinserscheinungen geltend zu machen. Er beruft sich dabei auf Ansätze von Mach (Prinzip der Sparsamkeit) und Avenarius (Philosophie als Denken der Welt gemäss dem Prinzip des kleinsten Kraftmasses") [1]. Eigentlich stellt er die Annahme voraus, dass der geringste Energieaufwand dann geschieht, wenn die Empfindung sich so darstellt, wie sie uns in der Tat bewusst wird (S.33). Es ist nicht ganz eindeutig, welchem Teile dabei die ökonomische Arbeitsweise zugeschoben werden soll, schon dem Sinnesorgan oder erst dem Gehirn, denn als Rohmaterial werden einmal die Reize, dann die Erregungen genannt. So heisst es: „Das Entstehen der Bewusstseinsinhalte wird beherrscht von dem Prinzip, einen möglichst grossen Teil aller Erregungsbestandteile mit möglichst geringem Energieaufwand zu einer Empfindungseinheit zusammenzufassen", (S. 27) dann wieder „die Konstellation der Reize mit möglichst geringem Kraftaufwand in Einheit zu empfinden" (S. 35) [2]. Deskriptiv-phänomenal scheint mir das „minimal-energetische Prinzip" nicht mehr zu besagen, als die „Tendenz zur Einfachheit". Daher werden die Unzulänglichkeiten, die ich soeben dieser Formulierung des Gestaltgesetzes aufzeigte, hier ihre Geltung behalten; man müsste für die Beschreibung das Prägnanzgesetz überlegen finden. Wenn aber Hamburger seinem Prinzip kausalen Erklärungswert beimisst, so ist zunächst zu fragen, wonach er das Energiemass beurteilen will. Diese Frage bleibt offen. In den herangezogenen Beispielen findet man indessen nichts anderes betätigt, als die Feststellung der Einfachheit des Gesamteindruckes. „Eine Kreislinie lässt sich ausserordentlich leicht auffassen, weil es eine Linie konstanter Krümmung ist". (S. 84) Als mathematische Definition der Einfachheit des Kreises kann man dagegen nichts einwenden; keineswegs aber ist daraus einzusehen, warum diese Linie (mit ruhendem Auge, nämlich tachistoskopisch) besonders sparsam erfasst werden könnte. Schwierigkeiten entstehen auch, wenn mehrdeutige Gestalten oder Inversionen betrachtet werden. „Eine Wahrnehmung, die verschiedene Auffassungen zulässt, wird aufgefasst, wie es mit dem geringsten Energieaufwande möglich ist". (S. 169). Darin kann ich wirklich nicht mehr als eine Wiederholung des

---

[1] Auch A, Gatti-Mailand hat ein Gesetz der grössten Ökonomie aufgestellt.
[2] Von mir gesperrt!

Prinzips sehen! Oder findet es jemand einleuchtend, dass z. B. in Abb. 9 die Mundspalte bei Auffassung des gesenkten Blickes breiter erscheint — aus Energiesparsamkeit? Hamburger selbst findet eine gewisse Schwierigkeit, das Auftreten von mehr Strahlen, als in dem bewegten Objekt gegeben sind, in den Versuchen von Gehrcke und Lau zu erklären (S. 53 ff.). Die folgenden Tatbestände, die die Tendenz zur Ausgeprägtheit erhärten werden, sind gleichzeitig mit dem minimal-energetischen Prinzip schlecht vereinbar. Wie kann das Auftreten von Bewegungserscheinungen an der Reizgegebenheit nach ruhenden Objekten Energie sparen? Wenn die Ökonomie als das eigentliche Ziel anzusehen wäre, so müssten die Angleichungserscheinungen, die der Abhebung bei weitem überwiegen. Kontraste wären doch wohl als besonders grosse Energiegefälle anzusehen. Das schwerstwiegende Bedenken gegen Hamburgers Betrachtungsweise möchte ich endlich daraus ableiten, dass ein quantitatives Prinzip zur Grundlage der Erklärung gemacht wird, weil ich einen wesentlichen Fortschritt der Gestalttheorie gerade in der Möglichkeit der Erfassung von Qualitäten sehe!

Die oft erwähnten Reduktionsmethoden der Reizbedingungen, vor allem aber die Fälle irgendwie unvollständig gemachter Gebilde unter Satz 11 erzeugen den Eindruck des Nicht-Endgültigen, der Mangelhaftigkeit, Lückenhaftigkeit, Schiefheit. Aus dieser Situation erwächst ein „Druck in Richtung auf Besserung" (Koffka) oder auf grössere Ausgeprägtheit der Gestalt („Prägnanzdruck" Köhler). Dieser Druck vermag Bewegungserscheinungen hervorzubringen. Der Nachweis von Bewegungserscheinungen, die auf Steigerung der Wesensausprägung abzielen, ist seinerseits ein Beleg für das Prägnanzgesetz. Ich möchte indessen zunächst einen Überblick über die in Frage kommenden optischen Phänomene geben, um erst nachher ihre Bedeutung für die Ausgeprägtheit zu würdigen. Ich nenne die Dinge getrennt, obwohl im einzelnen Falle mancherlei Verquickungen vorkommen.

A. Kontinuierliche Bewegungen bei stufiger Verlagerung des Sehdinges. (Stroboskopischer Effekt.)

B. Bewegungen eines ortsidentischen Teiles bei Verlagerung des Ganzen. (Identitätsvertauschung.)

C. Verschiebungen von Stücken im Ganzen in Richtung auf Ausbildung einer ausgezeichneten Gestalt. (Eidotrope Bewegung im Sinne G. E. Müllers.)

D. Ausdehnung und Zusammenziehung beim Auftauchen und Verschwinden. ($\gamma$-Bewegung im Sinne G. E. Müllers.)

Die Versuchsbedingungen für A und B enthalten planmässige Veränderungen im Objekt beim Wechsel der Darbietung; C und D werden meist tachistoskopisch vorgeführt. Der Stroboskopische Effekt (A) darf nicht etwa auf Verschiebungen des Sehfeldes (des Fixierpunktes) zurückgeführt werden [1].

---

[1] M. Wertheimer, Bemerkungen zu Hillebrands Theorie der Stroboskopischen Bewegungen, Psychol. Forschg **3**, 106 (1923).

Am einfachsten erweist dies der folgende Versuch mit einer Punktreihe von 4 gleichabständigen (5 mm) Punkten. Auf weissem Papier sind die beiden inneren rot, die beiden äusseren grün gemalt. Betrachte ich die Reihe (aus 25 cm Entfernung) durch eine rote Glasscheibe, so sehe ich zwei relativ weit entfernte schwarze Punkte; durch eine grüne, zwei nahe beieinander liegende. Ich halte nun die beiden bunten Scheiben so, dass sie aneinander stossen, vor mein Auge [1] und bewege sie ruckartig (die Grenze zwischen Rot und Grün parallel der Punktreihe) hin und her. So blicke ich einmal durch die grüne, einmal durch die rote Scheibe. Dann bewegen sich zwei Punkte jeweils gleichzeitig beide nach innen oder aussen wie Kontraktion und Expansion. Derartige gegensinnige Bewegungen können natürlich nicht durch Verschiebungen der Blickrichtung erklärt werden. Die stroboskopischen Bewegungen haben vielmehr die Bedeutung, dass sie einen Zusammenhang zwischen aufeinanderfolgenden verschiedenen Bildern herstellen. Dadurch wird eine Vereinheitlichung des Gesamterlebnisses im. Sinne der Tendenz zur Einfachheit erzielt. Identitätsvertauschungen (B) untersuchte Ternus [2] an leuchtenden Punktfiguren. Er liess z. B. ein durch 5 Punkte markiertes Pluszeichen durch ein zweites derart ablösen, dass der Kreuzpunkt des ersten den linken Endpunkt des wagerechten Striches im zweiten

Abb. 21. (Nach Lindemann.)

bildete, während der äusserste rechte Punkt des ersten zum Mittelpunkt des zweiten wurde. Die genannten Punkte veränderten also objektiv ihren Ort gar nicht (sie waren „ortsidentisch"). Für den Beobachter bewegen sich hingegen alle Punkte in gleicher Weise: das Kreuz rückt als Ganzes nach rechts (um eine halbe Breite). Die hier beobachtete Bewegung objektiv festliegender Punkte wird als Ganzbindung verständlich. (Die ortsidentischen Punkte „tauschen" ihre Rollen in den beiden Figuren.) Als Prototyp der Bewegungen C sei ein Versuch Lindemanns [3] wiedergegeben. Lindemann bot die in Abb. 21 gezeigte Anordnung leuchtender Punkte im Dunkelraum 35 σ tachistoskopisch dar. Die Versuchsperson sagte aus: „Ein Punkt nach unten aus der Peripherie gerutscht. Er bewegt sich sehr heftig auf seinen Platz in der Peripherie". Die Eidotropie im Sinne G. E. Müllers ist offenbar. Ein Kreis mit einer kleinen Lücke zeigt Schliessungstendenzen („Fusionsbewegungen"). Eine Ellipse habe grössere Lücken an gegenüberliegenden Stellen ihres kurzen Durchmessers. Dann fliegen die

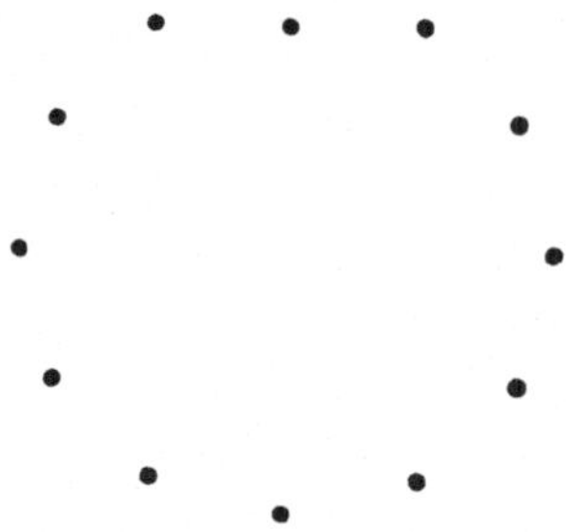

---

[1] Einäugiges Beobachten ist am bequemsten.

[2] J. Ternus, Experimentelle Untersuchungen über phänomenale Identität. Psychol. Forschg **7**, 81 (1926).

[3] E. Lindemann, Experimentelle Untersuchungen über das Entstehen und Vergehen von Gestalten. Psychol. Forschg **2**, 5 (1922).

Stücke auseinander. Hier bekunden sich mithin die beiden Möglichkeiten der erreichbaren Ausgeprägtheit: kleine Lücken — formale Angleichung, grosse — klare Trennung der Stücke im Sinne einer Abhebung. Noch eine Beobachtung am Sanderschen Parallelogramm sei erwähnt (11, S. 39). Bei Dreiecksauffassung geht mit der Grenzlinie der Teilparallelogramme eine merkwürdige Veränderung vor sich. Diese Gerade kann flau, belanglos werden, ja sie kann verschwinden. Oder aber sie zeigt ausgesprochene Bewegungen in die Senkrechte (als Höhe des Dreiecks) hinein. Sander spricht von einer „Tendenz, eine zunächst sinnlose Teilgegebenheit sinnvoll einzugliedern oder sie vollständig auszumerzen[1]". Von den soeben aufgeführten Bewegungen, die auch Prägnanzbewegungen genannt werden könnten, trennt G. E. Müller[2] eine eigene Gruppe (D) ab, für die er die Bezeichnung $\gamma$-Bewegung vorbehalten wissen möchte. Es sind Ausdehnungen eines geschlossenen Feldes beim Auftreten und Zusammenziehungen beim Verlöschen. Hierfür sind längere Expositionszeiten günstig (optimal 35 bis 70 $\sigma$); die $\gamma$-Bewegungen sind indessen auch bei dauernd exponierten Objekten im Augenblick des Aufleuchtens und Verschwindens bemerkbar. G. E. Müller hält diese Vorgänge für physiologische Erscheinungen unbekannten Ursprungs[3]. Lindemann ist dagegen der Auffassung, dass sie mit dem Wesen der Gestaltung innerlich verbunden sind. „In der Bewegung kommt das Entstehen und Vergehen von Gestalten zum phänomenalen Ausdruck" (S. 51). Die Beziehung zur Gestalt geht u. a. aus der Tatsache hervor, dass die Bewegungen bei relativ ungestalteten, unregelmässigen Punkthaufen fehlen. Die Rubinsche Becher-Gesichter-Figur lehrt eine Abhängigkeit von der Gestaltauffassung. Beim Aufleuchten dieser Figur kommt nur bei „Becher-Auffassung" die Ausdehnung zustande, bei „Gesichter-Auffassung" hingegen eine Bewegung nach innen. Gestaltlich betonte Stellen zeigen besonders lebhafte Bewegungen. Spitzen bewegen sich stärker als abgerundete Ecken. Besonders begünstigt sind die Bewegungsrichtungen der Horizontalen und Vertikalen. Die Bewegung nach oben ist betont, während eine ausgeprägte Basis der Figur am ruhigsten zu sein pflegt. Die Richtung nach aussen beim Entstehen scheint nicht unbedingt. Ich zeichne in das Motiv der Abb. 4b die gegenüber 4a fehlenden kurzen Striche mit roter Tinte hinein. Dann sehe ich durch ein rotes Glas die Figur der Abb. 4b, durch ein grünes 4a. Beim Übergange von Rot nach Grün[4] zieht sich das Gebilde zusammen; geht man zurück nach Rot, so dehnt es sich aus. Ich vermute, dass diese Vorgänge mit der Eigentümlichkeit der offenen und geschlos-

---

[1] Diese Erscheinung veranschaulichte auch Abb. 8.

[2] l. c. S. 54ff.

[3] Sie stehen in keiner Beziehung zum Orte des Fixierpunktes; ihre Richtung scheint vielmehr stets von der Mitte der Figur ihren Ausgang zu nehmen.

[4] Natürlich habe ich auch den Versuch mit grünen Konturen gemacht, um eine spezifische Wirkung der Farbe auszuschliessen.

senen Figur zusammenhängen [1]. Die offene Figur greift aus in den Grund, die geschlossene zieht sich von ihm zurück. Freilich ist es nicht ganz leicht zu entscheiden, ob bei derartigen Beobachtungen nicht auch der stroboskopische Effekt hineinspielt. So dürften die von Benussi [2] beschriebenen Bewegungen beim Umwenden der Müller-Lyerschen Figur als eine stroboskopische Erscheinung aufzufassen sein. Die Strecke, an deren Enden spitze Winkel ansetzen, wird grösser, wenn die Winkel in stumpfe umschlagen. Die Grössenveränderung muss bei sukzessiver Erzeugung als Ausdehnung wirken im Sinne einer stroboskopischen Bewegung. Genauere Beobachtung lässt aber ausserdem ein $\gamma$-Phänomen erkennen. Ich stelle den Versuch wieder mit dem roten und grünen Glase an. An die Enden einer Geraden werden zwei Malzeichen gesetzt; die der Geraden zugekehrten Schenkel in grüner Farbe, die abgewandten in roter. Beim Wechsel von Grün nach Rot kommt zuerst eine starke Kontraktion, dann aber folgt sogleich eine kleine Streckung. Wird das rote Glas gegen das grüne vertauscht, so erfolgt die bekannte Vergrösserung, danach indessen ein ruckartiges Zusammenziehen. Diese zurückschnellenden Vorgänge sind den $\gamma$-Bewegungen ähnlich. Abschliessend lässt sich behaupten, dass auch das $\gamma$-Phänomen ein Ausdruck des Strebens der Gestalten zur Ausgeprägtheit ist.

Bei der Untersuchung des Gestaltgefüges habe ich unter Satz 6 ff. ein Gegensatzpaar Bindung und Gliederung als Wechselspiel zwischen der relativen Selbständigkeit des Ganzen und der Teile herausgearbeitet. Jene Begriffe waren mehr statisch-deskriptiv zu verstehen; jetzt soll ihnen ein mehr dynamisch-funktional gemeintes Paar an die Seite gestellt werden: Angleichung und Abhebung. Als treibende Kraft für diese wird die Gezieltheit der Gestalten auf Ausprägung ihres Wesens sich ergeben. Ich ziehe die Ausdrücke Angleichung und Abhebung den älteren, die noch für den gleichen Tatbestand benutzt werden, Assimilation und Kontrast vor. Die lateinischen Termini sind durch Vorstellungen der Assoziationspsychologie und der Reizphysiologie zu sehr belastet. Sander (11, S. 31) spricht von Tendenzen zur „Erhaltung der homogenen Einheitlichkeit" einerseits, der „Akzentuierung der Gliederung" andererseits. Wulf [3] verwendet bei der Mitteilung seiner Versuchsergebnisse die Worte „Nivellierung" und „Präzisierung". Ich werde nun versuchen, Angleichung und Abbebung, zunächst jede Erscheinung für sich zu schildern, um dann auf das Zusammenwirken beider einzugehen.

Angleichungserscheinungen hat Fuchs [4] besonders eingehend studiert. Es lassen sich Angleichungen der Farbe und der Form nach einigermassen trennen. Das schönste Beispiel der farbigen Angleichung ist wohl

---

[1] Siehe unten!

[2] v. Benussi, Gesetze der inadäquaten Gestaltauffassung. Arch. Psychol. **32**, 396 (1914).

[3] F. Wulf, Über die Veränderung von Vorstellungen. Psychol. Forschg **1**, 333 (1922).

[4] l. c.

die Neunerfigur, die auch Sander (11, Abb. 4) bunt wiedergibt [1]. Von den 9 in regelmässige Quadratanordnung gebrachten bunten Kreisscheibchen sind die vier Eckpunkte grün, die an den vier Mitten der Seiten liegenden gelb und der Schnittpunkt der Diagonalen in einem gelb-grünen Zwischenton gefärbt. Fasst man das Muster als Malzeichen, so ist die Mitte dem Grün nahe; sieht man das Pluszeichen heraus, so wird sie gelblicher. Ähnliche Farbänderungen beschreibt Tudor-Hart [2]. „Liegen von 12 auf der Peripherie eines Kreises angeordneten gelben Scheibchen einige hinter einem blauen Episkotister, so werden diese von den ausserhalb liegenden gelb gefärbt". Dabei liess sich eine Abhängigkeit des Grades der Färbung von der Innigkeit des Gefüges nachweisen [3]. Fuchs betrachtet auch die phänomenale Unterdrückung der physikalisch sehr häufig auffindbaren Zerstreuungskreise als farbige Angleichung an den Grund, desgl. die erwähnten Verfärbungen bei Zuordnung der Quadratkontur zu Bild- oder Grundfläche. Weiter kann die Ausfüllung des blinden Flecks zu diesen Erscheinungen gezählt werden. Kirschmann [4] hat darauf aufmerksam gemacht, dass wir eine das Gesichtsfeld völlig erfüllende rote Fläche bis zum Rande, also auch mit der rotblinden Netzhautperipherie einheitlich rot gefärbt sehen. Grenzt man die äusseren Teile durch eine Kontur ab, so bleibt die Rotfärbung auf die Mitte beschränkt, und die Angleichung der Umgebung ausserhalb der Kontur wird verhindert. Bei der Ausfüllung des blinden Fleckes spielt häufig auch formale Angleichung ihre Rolle. Fuchs bemerkt, dass bei der Sehschärfenuntersuchung mittels der Landoltschen Ringe bisweilen eine solche Angleichung unter Schliessung der Lücke stören könnte. Ebenso darf die Tendenz zu symmetrischen Gebilden zu den formalen Angleichungen gezählt werden. Fuchs zieht endlich noch einen Versuch Exners heran. Wird in ein Feld eines schwarzen Quadratnetzes (etwa 1 mm starke Striche, 1 cm Maschen) auf weissem Grunde ein kreisrundes gelbes Scheibchen, das die Konturen eben berührt, geklebt, so scheint aus einiger Entfernung das ganze Quadratfeld gelb gefärbt.

Abhebungsvorgänge dürften Versuche von Révész [5] vorstellen in der Deutung, die ihnen Gelb und Granit im Anschlusse an ihre vergleichenden Untersuchungen über Figur- und Grundschwelle geben. Bei Zumischung spektralen Lichtes zu einem kleinen Feld in schwarzer Umgebung konnte

---

[1] In anderen Farben habe ich sie in der „Farbigen Stadt" (1929) abbilden lassen.

[2] B. Tudor-Hart, The influence of form on the perception of colour. Psychol. Forschg **10**, 255 (1928).

[3] Hier wäre auch der oben erwähnte Versuch von Wertheimer mit dem grauen Ring auf gelb-blauem Grunde zu nennen. Sander bildet ein entsprechendes Beispiel nach Wundt ab. (11. Abb. 3).

[4] A. Kirschmann, Über die quantitativen Verhältnisse des simultanen Helligkeits- u. Farbenkontrastes. Philos. Stud. **6**, 417 (1891).

[5] Révész, Über die Abhängigkeit der Farbenschwellen von der achromatischen Erregung. Z. Sinnesphysiol. **41**, 1 (1907).

R é v é s z ein Minimum der Farbschwelle beobachten, wenn sich das Feld zuvor gar nicht oder nur ganz wenig vom Umfelde unterschied. Dann genügt nämlich ein geringer Zusatz farbigen Lichtes, damit die Figur herausspringt: die Buntfärbung und die Tendenz zur Abhebung unterstützen einander. Wenn dagegen die Reizkonstellation von vorneherein eine klare Figur-Grund-Differenzierung bedingt, ist die Farbschwelle vergrössert. Da R é v é s z dem g a n z e n Figurfelde das farbige Licht hinzufügte, kann der Widerstand der Figur gegen die Färbung nicht mit den Befunden von G e l b und G r a n i t, die eine Behinderung für die Entstehung einer neuen Figur im Figurfelde ergaben, in unmittelbarem Zusammenhang gebracht werden. G e l b und G r a n i t stellen indessen den Anschluss an die Prägnanzregel durch die folgerichtige Annahme her, die Figur habe „die T e n d e n z  i n  e i n e r  m ö g l i c h s t  p r ä gn a n t e n  F a r b e zu erscheinen, also entweder wirklich tonfrei oder „ordentlich farbig"; daher setzt sie einer Veränderung ihrer (bereits gegebenen) tonfreien Farbe solange Widerstand entgegen, bis der farbige Zusatzbetrag so gross ist, dass sie in einer neuen, annähernd prägnanten Färbung erscheinen kann". In der Tat beobachtete R é v é s z bei diesen Schwellen, dass die Figur sogleich „deutlich farbig" erschien. Der Einklang mit dem Stufenprinzip ist offenbar (Satz 10), und die Bezeichnung farbige Abhebung trifft das wesentliche der Feststellung. Häufig verläuft die Abhebung parallel den Kontrasterscheinungen i. e. S., und ihre Gestaltbedingtheit muss dann erst erwiesen werden. Ich lasse hier die Frage offen, ob nicht sämtliche Kontrasterscheinungen im Sinne der „Wechselwirkung von Sehfeldstellen" letzten Endes als Ganzprozesse, als von Gestaltgesetzen bestimmt erkannt werden mögen [1]. Immerhin scheint mir eine sachliche Trennung der Begriffe Abhebung und Kontrast möglich und angemessen. Die einfache Erfahrung, dass Farben gewisse, ihnen entgegengesetzte fordern, dass der statisch gegebene Unterschied dadurch vergrössert werden kann, ist mit „Kontrast" bezeichnet. „Abhebung" ist mehr formal gemeint, es ist keine Gegensätzlichkeit der Farben als solcher damit festgelegt. Sie ist aktiver auf die Hervorbringung klarer Gegebenheiten gerichtet. Abhebung kann ganz ausserhalb der Farbbetrachtungen auf Eigenschaften des Raumes, der Geformtheit sich beziehen. Der Nachweis besonderer gestaltlich bedingter Abhebung, die einer summenhaft gedachten Kontrasttheorie zuwiderläuft, ist sehr eindringlich in einem von W e r t h e i m e r angegebenen Versuche, den B e n a r y [2] variierte. In die Nische eines schwarzen Flächenkreuzes (Form des Genfer Kreuzes) auf weissem Grunde wird ein kleiner grauer Zwickel, der die Form eines rechtwinkeligen Dreieckes erhält, hineingepasst. Aus einer zweiten, der beschriebenen völlig identischen Figur wird unter Fortfall grosser Teile des Kreuzes ein gleichschenkeliges Dreieck

---

[1] Siehe K ö h l e r, (16, S. 411).

[2] W. B e n a r y, Beobachtungen zu einem Experiment über Helligkeitskontrast. Psychol. Forschg 5, 131 (1924).

geschnitten. Dazu schneidet man zunächst in Fortsetzung der an den weissen Grund grenzenden Seite des Zwickels. Der Schnitt trifft einen Kreuzarm an seinem Ende; dieser Punkt wird die Spitze, die ihm entferntest liegende Kante des quer dazu verlaufenden Balkens die Basis des gleichschenkeligen Dreiecks. So entsteht ein schwarzes Dreieck, in dessen eine Seite der graue Zwickel hineinragt. Die neue Figur wird in das gleiche weisse Umfeld wie das Kreuz gebracht. Die Herstellung der Dreiecksfigur ergibt, dass dabei gegenüber dem Kreuze lediglich Schwarz weggenommen und Weiss hinzugefügt wurde. In der nächsten Umgebung des grauen Zwickels ist dementsprechend beim Dreieck mehr Weiss, beim Kreuz mehr Schwarz. Eine summative Kontrasttheorie müsste demnach erwarten, dass der Dreieckszwickel dunkler erschiene als der im Kreuz. Der Augenschein lehrt im Gegenteil: der Dreieckszwickel ist heller als der Kreuzzwickel. Der Unterschied der beiden gleichgrossen Zwickel, die aus dem gleichen Grau gefertigt wurden, liegt in ihrer verschiedenartigen Funktion. Bei dem Dreieck gehört der Zwickel formal zu dem Schwarzen, beim Kreuz zu dem Weissen. Die Abhebung findet jeweils von der Fläche her statt, deren „Stück" der Zwickel ist, wo er als fremdes Gebilde „hineinschneidet." Daher entfernt sich das Grau von dem Dreieck und nähert sich dem Kreuz. Entsprechendes lässt sich an Abb. 1 vorführen, die als Abb. 22 hier wiederholt wurde. Der vollständig umschlossene Teil des R wirkt grauer als der an drei Seiten offene Raum des über die Buchstaben gespannten weissen Streifens im Bereiche des R. Wieder müsste summativ das obere Feld des R durch Kontrast heller erscheinen: der Streifen ist aber als ein charakteristisches neues Gebilde stärker abgehoben. Auch dort, wo die Streifengrenze in das Infeld eines Buchstaben, wie beim o und besonders dem zweiten n, zu liegen kommt, findet man sie deutlich abgesetzt. Das könnte man bereits eine formale Abhebung nennen. Diese Art der Abhebung kommt z. B. in den Untersuchungen Wulfs heraus, der 5—10 Sekunden exponierte einfache Figuren zeichnerisch wiedergeben liess. Dabei zeigen sich meist Veränderungen im Sinne eines bezeichnender-, übersichtlicher-Werdens, die in vielen Fällen in der Vergrösserung irgend eines Unterschiedes oder schärferer Herausarbeitung einer Besonderheit bestehen. So wird z. B. eine flache Zickzacklinie (dargeboten 135°) zunehmend schärfer (I. Wiedergabe 30 Min. nach der Exposition 120°; II. 24 Std. 110°; III. 1 Woche wenig kleiner als 90°). Hier handelt es sich um Veränderungen der Vorstellungen, die sich an eine einmalige Wahrnehmung anschliessen. Man erkennt, wie sich das Wesen des Zickzacks an sich immer klarer heraushebt. Ähnliches beobachtete ich gelegentlich einer längeren Untersuchung mit graphischer Registrierung von Reflexzuckungen. Dabei hatte ich zuweilen eine kleine Senkung des Schreibhebels unter die Abszisse gesehen, während die Zuckungen eine Zacke nach oben schrieben. Diese Erscheinung war mir

Bonn/Rh.
Abb. 22.

aufgefallen, und ich hatte mir lange den Kopf darüber zerbrochen, auch als ich solche Kurven nicht mehr bekam. Als ich mir nun die alten Kurven aussuchte, um diese Senkungen einmal auszumessen, war ich erstaunt, wie winzig sie in Wirklichkeit waren. Wiederum die Tendenz zur Ausgeprägtheit! Auf Wahrnehmungsgestalten und zwar eigenartige Grössenveränderungen bezieht sich ein Abhebungsvorgang, den Sander an optischen Rhythmen messend verfolgen konnte [1]. Er fand, dass in Reihen paralleler kurzer Striche (genauer: schmaler Rechtecke) mit gleichem Abstande die Entfernung der Striche voneinander sich bei paarweiser Zusammenfassung änderte. Die von Gliedern der herausgehobenen Gestalt umschlossene Fläche war verbreitert, der unwesentliche, leere Zwischenraum zwischen den einzelnen Gruppen dagegen verkleinert. (In einem bestimmten Falle betrug der Unterschied etwa $10^0/_0$.) Der eigentliche, dinghafte Gegenstand vergrössert sich; er wird gewichtiger, ausgeprägter. Eine ähnliche Abhebung lassen viele geometrisch - optische Täuschungen erkennen, wofür noch ein Beispiel folgt.

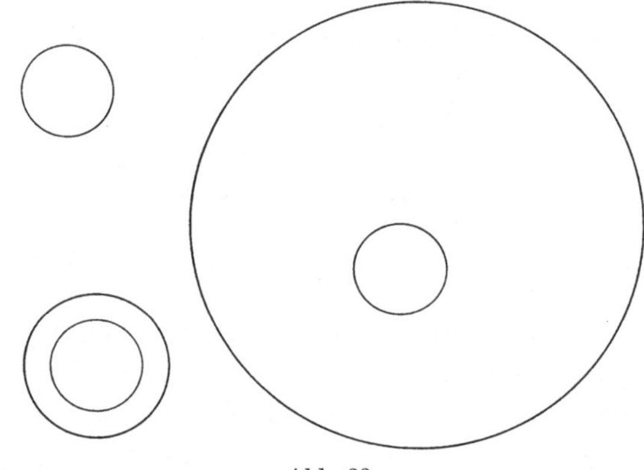

Abb. 23.

Ich gehe zu der Beschreibung des Zusammenwirkens von Angleichung und Abhebung über! Es sei der Tatbestand einer bekannten geometrisch-optischen Täuschung betrachtet. In Abb. 23 wird meist [2] der in dem kleineren Kreise eingeschriebene Kreis links unten am grössten gefunden, dann folgt der alleinstehende und am kleinsten erscheint der im grössten Kreise rechts befindliche. Objektiv sind die verglichenen Kreise gleich gross. Hier liegt ein häufig vorkommendes Verhalten vor: kleine Unterschiede bedingen Tendenz zu ihrer Verringerung, grosse zur Vergrösserung. Nur von den Gliedern, als Teilgegebenheiten betrachtet, her haben Angleichung und Abhebung entgegengesetzte Richtung. „Vom Ganzen des gefügehaften Zusammenhanges der Gestalt aus haben diese Veränderungen von Teilen im Ganzen einen und denselben Sinn: die Gefügequalität steigernd auszuprägen, von der als der dominierenden Ganzqualität sie selbst bedingt sind [3]". Der Grad der Innigkeit bestimmt im einzelnen die Richtung der Teilveränderung: in

---

[1] F. Sander, Über räumliche Rhythmik. Neue psychol. Stud. **1**, 123 (1926).

[2] Das hängt von dem Grade der Ganzerfassung ab. Bei Kindern ist daher eben diese Täuschung besonders stark. Volkelt (12) 17.

[3] Sander, Optische Täuschungen und Psychologie. Neue psychol. Stud. **1**, 159 (1926).

dem Gebilde links unten ist das Gefüge besonders innig durch die Proportion
des Goldenen Schnittes; rechts ist die Bindung, die der starke Grössenunter-
schied schon schädigt, noch gelockert durch die exzentrische Verschiebung
des kleinen Kreises. Ipsen (13) untersucht in ähnlichen Beispielen die Beziehung der Vorgänge zueinander eingehender. Er stellt fest, dass Angleichung
und Abhebung zugleich bezüglich derselben Teile wirken können. Angleichungen wirken bei allen Innigkeitsgraden, nur verschieden stark; Abhebung
bei mittlerer Innigkeit am stärksten. Während sich in dem letzterwähnten
Beispiel Angleichung und Abhebung auf die Grösse der verglichenen Glieder
erstreckt, beziehen sich diese Vorgänge in den Quadratfiguren der Tafel[1] auf
die Farbe, geführt indessen von gewissen Ausbildungen der Form. Alle drei
Quadrate sind von einem weissen Rande umgeben, der sich in allen Fällen
über einen Rahmen gleichen Ausmasses erstreckt. Nur der Ort grösster Helligkeit ist an verschiedene Zonen des Rahmens gerückt: bei 1 innen, bei 3 aussen
und bei 2 mitten. Entsprechend ist das grösste Gewicht des Rahmens der
für die Quadrate Konturfunktion hat, jedesmal anders gelagert. Der scharfe
Sprung bedingt regelmässig lebhafte Abhebung, der vorsichtige Übergang
Angleichung der angrenzenden Teile. Abhebung geschieht bei 1 am Quadrat,
bei 3 am Grunde; Angleichung bei 1 am Grunde und bei 3 am Quadrat. Hingegen stehen bei 2 Quadrat und Grund unter gleichen Randbedingungen.
So finden wir denn das Quadrat 1 auffallend schwarz, 3 milchig getrübt;
während bei 2 kein Unterschied zwischen Quadrat und Umfeld erkennbar
ist. Übrigens ist durch die Angabe der Helligkeitswerte die Beschreibung
nicht erschöpft: 1 wirkt scharf und hart, 3 aber weich und locker. Beachten
wir in den drei Fällen die Kontrastbedingungen einer analytischen Wechsel-
wirkungsthese, so finden wir sie kaum wesentlich verschieden. Das Infeld
ist in dem relativ schmalen Bereich seines Randes im Ganzen mit nahezu
gleichviel Weiss umgeben: grosse Unterschiede dürften die millimeterweisen
Verschiebungen des Helligkeitsmaximums kaum bedingen. Insbesondere
müsste das Infeld bei 2 jedenfalls dunkler erscheinen als die Umgebung des
Rahmens. Das ist nun durchaus nicht der Fall: diese Teile sehen ganz gleich
aus. Hier wird der Rahmen als Figur gefasst, die sich von dem Grunde
aussen und innen abhebt. Der Rand gehört bei 1 zum Grunde, bei 3 zum
Quadrat und ist bei 2 selbständige Figur. So findet dann bei 2 Angleichung
zwischen den Teilen des Grundes statt, der sich unter der Figur weg zu erstrecken scheint. Hier also eine formale Abhebung, die aus der Betrachtung
der Elementarbedingungen nicht ablesbar ist! Der Rand ist ja innen wie bei

---

[1] Die feinen Übergänge, die für die gewünschte Wirkung der Quadrate 1—3 erforderlich
sind, bereiten der Reproduktion grosse Schwierigkeiten. Leicht lässt sich das Beabsichtigte
mit einer Bleistiftskizze vorführen, die analog den Quadraten der Tafel, nur Schwarz auf Weiss
hergestellt ist. Hier wählte ich die Darstellung Weiß auf Schwarz, um eine mögliche Auffassung
der grauen Töne als Schatten zu vermeiden.

3, aussen wie bei 1 gestaltet; es sollte mithin gar keine Abhebung auffallen. Das Einfachste wäre ein Verschwimmen der weissen Quadratkontur, ein Eintauchen in den Grund, ähnlich vielleicht wie es Gelb [1] von Gehirnverletzten mitteilte. Das Beispiel belegt solchen Ableitungen ganz entgegengesetzt wiederum den Satz von der Tendenz zur Ausgeprägtheit. Die Gesamtumstände bestimmen das jeweils (unter den möglichen) deutlichste Gebilde als das phänomenale. Noch schärfer lässt sich die Absetzung gegen eine summenhafte Kontrastthese in dem anderen Beispiel der Tafel vollziehen. Obwohl die Beobachtungen daran unabhängig von den Mintzschen Untersuchungen über phänomenale Mitten zwischen Graustufen [2] gemacht wurden, sei zunächst von dessen Befunden ausgegangen. Mintz verglich drei Graustufen auf einem in konzentrische Ringe aufgeteilten Kreisel mit einer verstellbaren Kreiselscheibe. Hatte er nun die Reihe der Graustufen hell-mittel-dunkel von innen nach aussen angeordnet, so erhielt er auf der Vergleichsscheibe andere Gleichungen für die einzelnen Stufen als bei der umgekehrten Folge. Während „aussen Hell‘ ziemlich den objektiven Einzelreizen entsprechende Kreiselwerte gewinnen liess, war die Gesamtspanne zwischen Aussen- und Innenring stets beträchtlich kleiner, wenn Dunkel aussen lag. Demgemäss beschreibt er die Ringanordnungen verschiedener Richtung phänomenal. „Die Scheibe mit dunklem Aussenring ist irgendwie bessere Gestalt als die mit hellem, sie hängt in sich fester zusammen. Der dunkle Aussenring hat etwas von dem Charakter einer Kontur, eines Rahmens; der helle Aussenring hat dagegen mehr Grundcharakter‘‘ (S. 314). Die gesamten Befunde aber führen ihn zur Verneinung der zu Beginn seines Berichtes gestellten Frage, „ob die Grösse des erlebten Unterschiedes zweier Helligkeiten durch diese eindeutig bestimmt ist‘‘. — Nun seien die Gebilde A und B der Tafel betrachtet! Der erste Eindruck wird sein, dass B geschlossen, A mehr offen wirkt. Sodann seien vorsichtig, unter Wahrung des Gesamteindruckes die einzelnen Glieder beurteilt. A erscheint nahezu gleichmässig abgestuft. In B dagegen hebt sich die Mitte klar heraus, während oben und unten fast gleich sind. Meistens findet man endlich beim Vergleich der Glieder von A und B miteinander, dass die herausgehobene Mitte in B heller, jedenfalls auffallender ist als das oberste Stück in A; diese hellste Stufe in B findet man stärker unterschieden von dem obersten Stück in B als die Spanne der beiden oberen Glieder in A. Ausser Zweifel ist jeder Beobachter, dass der Unterschied zwischen der zweiten und dritten Stufe bei A bedeutend grösser ist als der zwischen der obersten und untersten bei B. Nun, der Leser wird, in Vorahnung des mit diesem Versuche verfolgten Zieles, vermuten, dass die Gebilde A und B objektiv dieselben Graustufen enthalten. Dem ist in der

---

[1] Gelb, Über den Wegfall der Wahrnehmung von „Oberflächenfarben‘‘. Z. Psychol. **84**, 193 (1920).

[2] l. c.

Tat so. Sie unterscheiden sich lediglich durch die Anordnung der Grautöne: A: hell-mittel-dunkel, B: mittel-hell-dunkel. Entgegen einer Stellungnahme von Mintz (S. 331) scheint mir hier die Wirkung der Angleichung ganz deutlich zwischen mittel und dunkel in dem geschlossenen Gebilde B. Der gesamte Befund, den ich schilderte, lässt sich weiter als gemeinsame Wirkung von Angleichung und Abhebung verstehen. Dadurch aber werden Bindung und Gliederung des ganzen Gefüges bei B betont. Es mag dem Leser überlassen bleiben, nochmals zu durchdenken, dass diese Gestaltwirkungen wiederum analytischer Kontrastauffassung zuwiderlaufen. (Danach müsste nämlich verglichen mit A in B der Unterschied zwischen Hell- und Mittelgrau bedeutend kleiner, zwischen Mittel- und Dunkelgrau erheblich grösser werden. Das genaue Gegenteil lehrt die Erfahrung!) Mintz meint, man dürfe nicht annehmen, dass eine Verkleinerung der Helligkeitsabstände zwischen Teilen des Gefüges die Prägnanz des Gebildes steigere und möchte schon lieber das Gegenteil voraussetzen. Der Versuch der Tafel ist geeignet zu beweisen, dass die Angleichung unter Umständen die Prägnanz erhöht. Der wesentliche Unterschied zwischen A und B liegt in dem Gegensatz „Reihe"-„Ring". Die „Reihe" A weist an beiden Enden über sich hinaus; ihr eigentümliches Gefüge der Offenheit würde durch Verminderung der Helligkeitsunterschiede nicht gefördert. Der Ring-Charakter von B aber wird gerade durch die Angleichung der Enden betont; wogegen die Gliederung dieses Gebildes durch Abhebung klarer hervortritt. Die Wesensausprägung kann sowohl durch Verkleinerung wie durch Vergrösserung der Teilunterschiede geschehen. Angleichung und Abhebung sind nicht Teilgesetzlichkeiten, sondern Ganzvorgänge, geführt von Ganzeigenschaften und gezielt auf die Gestaltung des Ganzen. Die herangezogenen Beispiele der Tafel sind übrigens keineswegs zu bestimmtem Zweck erdachte Ausnahmefälle. Die an ihnen aufgezeigten Kräfte dürften im Gefüge des Sehfeldes alle Zeit wirksam sein; ich möchte nur an die lebendige Wirkung eines Holzschnittes oder die erstaunlichen Lichter, die zuweilen in einer Kohlezeichnung auf dunkel gefärbtem grauem oder braunem Papier hervorgebracht sind, erinnern. Endlich sei darauf hingewiesen, dass das erörterte Gestaltgesetz gerade die Phänomene zu erzeugen vermag, die eine analytische Psychologie durch die Bezeichnung „Täuschungen" zu den eigentlich nicht erlaubten Erscheinungen zählte (Satz 6, S. 23). Jetzt mag die biologische Bedeutung jener Vorgänge einleuchten, die wahrscheinlich auch die oben erwähnte Gruppe der „Empfindungstäuschungen" umfassen: sie liegt in der Klarheit und Eindeutigkeit der Orientierung. Unwesentliche Unterschiede beeinflussen das Reaktionsgefüge eines Organismus gar nicht, stärkere aber sogleich in betonter, ausgeprägter Weise!

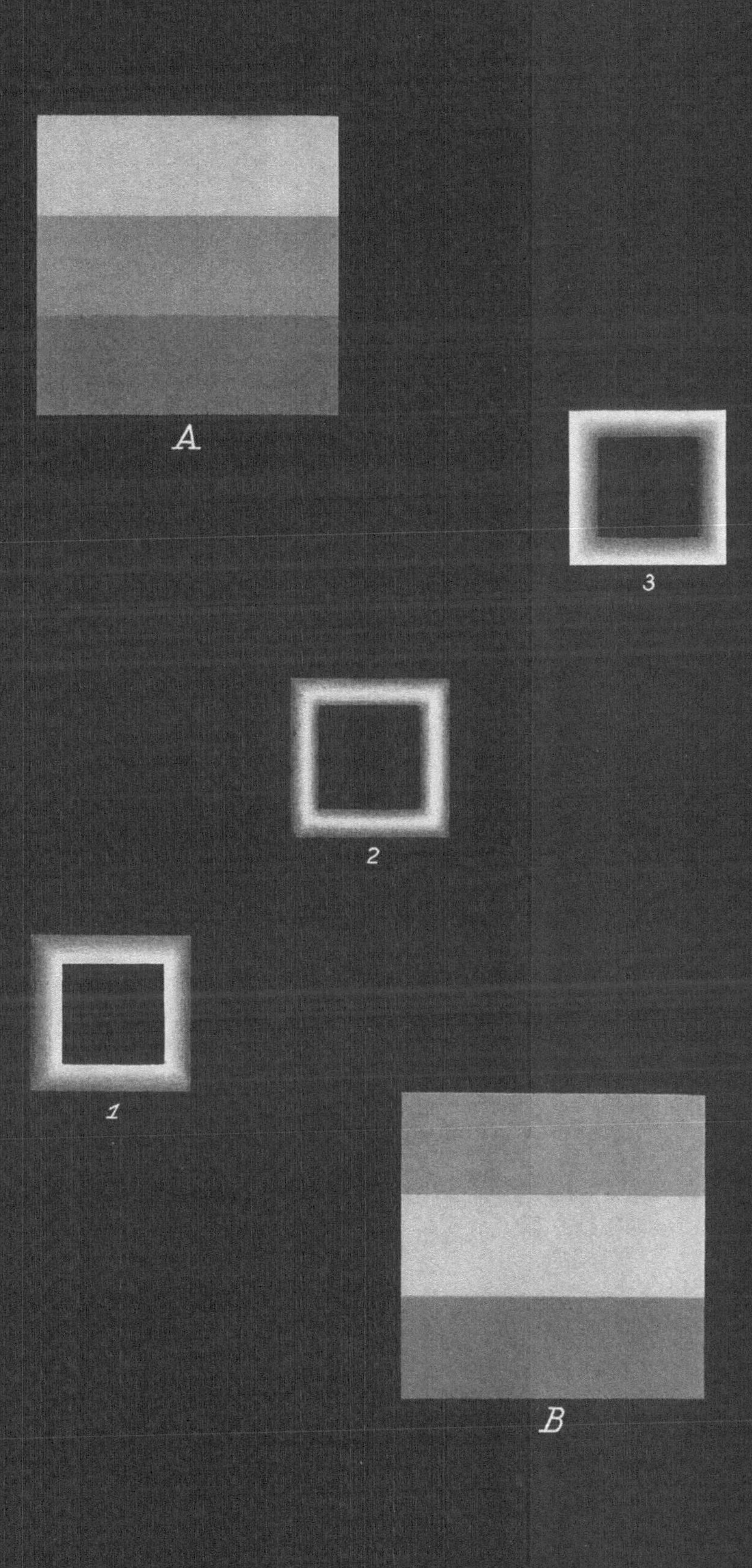

A
3
2
1
B

**13. Die Teile eines Wahrnehmungsfeldes sind aus innerer Gesetzlichkeit zusammengefügt. Seine Ordnung ist vom Wesen des Ganzen bestimmt, seine Festigkeit von der Zusammengehörigkeit der Glieder. Die Funktion der Teilgegebenheiten ist auf das Ganze gerichtet. Gestalten sind sinnvoll.**

Wird mit dem Hinweise auf das Streben des Wahrnehmungsfeldes zur Ausgeprägtheit das Gestaltgesetz, das zunächst rein phänomenal, also deskriptiv gemeint ist, hinreichend bestimmt? Kann wirklich in jedem Einzelfalle von Gestaltung die Eigenart des Gefüges unter dem Gesichtswinkel der Prägnanzregel vollständig beschrieben werden? Freilich haben wir in einer Reihe von Beispielen die Bildungstendenzen und ihr Ergebnis als Wesensausprägungen darstellen können. Die angewandte Betrachtung erwies sich auch weiter, vielseitiger, tiefer als das Prinzip der Einfachheit oder Sparsamkeit. Vielleicht ist damit dennoch nur eine Teilgesetzlichkeit zu einem umfassenderen Gesetz erkannt! Zieht man die Phantasiegebilde und Denkgestalten mit in den Bereich der Untersuchung — das ist aber letzten Endes ihres innigen Zusammenhanges mit den Wahrnehmungsgestalten wegen unvermeidlich — dann wird man sich dieser Vermutung zuneigen. Gewisse Ansätze zum Gestaltgesetz sind in den Sätzen 8 und 11 gegeben, Ansätze, die nicht völlig in den Satz von der Ausgeprägtheit aufgegangen sind: das Kennzeichen der Ordnung und der Vorgang der Gestalt-Ergänzung. Das Ziel wäre, diese in das Prägnanzgesetz noch mit einzubauen.

Wertheimer (17) hat einen experimentellen Beitrag zur Klärung dieser Fragen geliefert. Er arbeitet mit Reihungen einfacher Formen (Punktkonstellationen, einfache Figuren, Buchstaben, auch Klopfrhythmen, Tonfolgen), die er in verschiedener Weise zusammenfügt, und fragt nach den „Prinzipien" der in der Wahrnehmung auftretenden „Zusammengefasstheit" und „Geteiltheit" oder — beides in einem Worte — der „Verteiltheit". Ähnliche Ergebnisse hat G. E. Müller[1] ebenfalls vorwiegend an optischem Material erhoben. Er spricht von „Kohärenzfaktoren". Die entsprechenden Befunde beider Autoren folgen in einer Übersicht, die an die Darstellung Koffkas (19, S. 551) angeschlossen wurde.

1. Das Gesetz der Nähe. „Die Zusammengefasstheit resultiert — ceteris paribus — im Sinne des kleinen Abstandes". (Wertheimer.)

2. Das Gesetz der Gleichheit. „Sind mehrere Reize zusammen wirksam, so besteht — ceteris paribus — die Tendenz zu der Form, in der die gleichen zusammengefasst erscheinen" (Wertheimer). Diese Gleichheit kann sich auf nur ein Moment der zusammentretenden Teilgegebenheiten beziehen, z. B. Form oder Farbe. Müller zieht noch übereinstimmende Eindringlichkeit und symmetrischen Verlauf als Kohärenzfaktoren heran. Volkelt (12) berichtet über die von verschiedenen Seiten angestellten Lotto-

---

[1] l. c. S. 9.

Versuche mit Kindern, in denen Übereinstimmungen in Farbe und einfacher geometrischer Form in Wettstreit gesetzt werden. Dabei gibt in den meisten Fällen die Farbe den Ausschlag. Volkelt macht darauf aufmerksam, dass die Gleichfarbigkeit getrennter Teile nicht etwa durch teilinhaltliche Beachtung erkannt wird, dass sie vielmehr die Bildung einer einzigen Gestalt bedingt (beim Kinde!). „Das „Zueinander" der farbgleichen Figuren ist kein blosses Beieinander zweier in einer Eigenschaft übereinstimmender Individuen, sondern eine Gemeinschaft, ein gemeinsames Gestaltetsein aus einem Lebensgrunde, aus einem Bildungsprinzip heraus, vor allem ein gleiches Wirken auf das Subjekt, ein einziges Grün-angemutet-werden". Dieser Grundfunktion der Farbe folgend wird in der Architektur ein Gesetz der farbigen Bindung[1] beachtet. Dabei kann an die Stelle der Gleichheit die Farbenverwandtschaft treten[2]. In gewissem Grade wirkt auch der Faktor der Ähnlichkeit (Müller).

3. Das Gesetz der kurvengerechten Fortsetzung. „Es kommt auf die „gute" Fortsetzung an, auf die „kurvengerechte", auf das „innere Zusammengehören", auf das Resultieren in „guter Gestalt", die ihre bestimmten „inneren Notwendigkeiten" zeigt" (Wertheimer). Was hier gemeint ist, lässt sich an den Auffassungsmöglichkeiten des Hakenkreuz-Motives, die in Abb. 13 zusammengestellt sind, erläutern. Wollte man die 4 Einzel-Hakenkreuze in der Anschauung herausheben (e), so müsste man die klar hindurchgehenden geraden Quer- und Längsstreben „zerbrechen", um beständige Richtungswechsel vorzunehmen. „Kurvengerecht" ist dagegen die Flechte a. Die Auffassung f würde zwar auch die grossen Achsen erhalten, aber die Schlüssigkeit verlangt eine Einfügung der dort unterdrückten kurzen Konturen. Die Gliederungen c und d sind gerade noch möglich, wie wir sahen. Hier sind in sich „zügige" Gebilde zusammengefasst. Wenn man die Schlingen einmal in dieser oder jener Richtung zieht, so ergibt sich das übrige „von selber". Bei d ist überdies das Glied in sich symmetrisch gebildet.

4. Das Gesetz der Geschlossenheit. Geschlossene, „in sich rücklaufende" Linienzüge pflegen als Einheiten gefasst zu werden. Hierher zählt Wertheimer auch inneres Gleichgewicht und Symmetrie. Müller untersucht den „Einfluss der Kontur" als Kohärenzfaktor. Dieser Faktor bewährt sich z. B. in Abb. 13b. Die Bedeutung der Geschlossenheit habe ich u. a. an Abb. 7d gezeigt. Ausgesprochene Tendenz in der gleichen Richtung betätigen Abb. 7e und f.

Die unter 3 und 4 genannten „sachlichen Gesetzlichkeiten" ergeben sich auch bei einem etwas anders eingerichteten Versuchsverfahren. So fragt Wertheimer: „Welche Zusätze, Hinzufügungen, welches Feld sind

---

[1] H. Phleps, Das A B C der farbigen Aussenarchitektur. Berlin: Stielke 1926.
[1] Derselbe, Das Gesetz der farbigen Bindung. Die Farbige Stadt, Hamburg **1926, 54.**
[2] Matthaei, l. c.

tauglich, um die Gestalt zu zerstören?" Als ein geeignetes Mittel nennt er, „Unterteile der Figur zu „guten Gestalten" zu ergänzen". Eingehender hat derartige „Auflösungen" (s. o.) Gottschaldt studiert [1]. Er findet u. a. die Veränderung der eigenartigen Konturfunktion, gegen den Grund abzugrenzen, besonders wirksam. Sander bemerkt zu derart gewonnenen neuen Figuren, dass sie dem „Gesetz des umfassendsten Ganzen" folgen. Dessen dominierende Grenzbeschaffenheiten bekunden sich in der „Tendenz, die Gesamtfigur, soweit es unter den gegebenen Umständen möglich ist, gestalthaft zu organisieren (!) und alle Stücke in einen sinnvollen Gliedzusammenhang einzubetten" (11, S. 45).

Wertheimer betont die Vorläufigkeit aller hier aufgeführten Formulierungen. Jedoch scheint mir eindeutig, dass sie den Inhalt des Prägnanzgesetzes zu erweitern streben, indem sie mehr sagen wollen als die Richtung auf Ausgeprägtheit. Das Neue trifft von einer Seite am besten der Hinweis auf die wesenhafte Zusammengehörigkeit der „Bestandteile" einer Gestalt. Damit berühre ich wiederum die ästhetischen Auswertungen v. Ehrenfelsens [2]. Besonders eindringlich werden seine Ausführungen in der Kennzeichnung des Unschönen („Missgestalteten", Höfler). „Hässlich ist das,

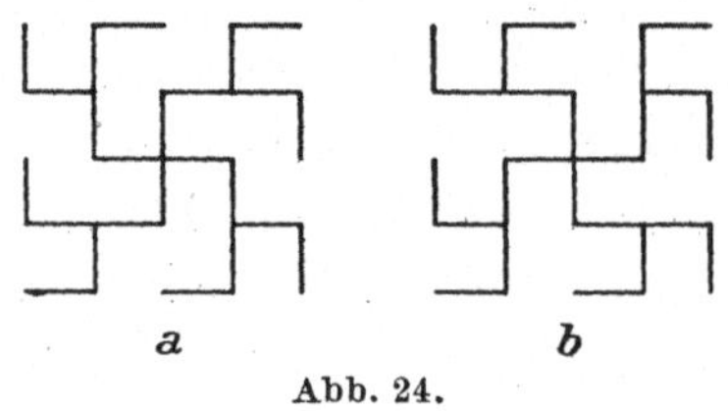

*a*       *b*

Abb. 24.

was disharmonische, d. h. untereinander widerstreitende Gestaltelemente einschliesst — Elemente nämlich, von denen ein jedes nur den Teil einer Gestalt darstellt, welcher Ergänzung zu einer Einheit fordert, — jedoch nach einer mit derjenigen des anderen Elementes unverträglichen Richtung" (7, S. 100). Ein Versuch mag zeigen, dass in der Tat solche einander widerstrebende Teile zusammengefügt niedere Gestalten ergeben. Man betrachte die beiden Figuren der Abb. 24. Vielleicht liegt die ästhetische Betrachtung hier am nächsten: a ist schöner als b. Sodann findet man, dass a geschlossener, ruhiger, einheitlicher, harmonischer, fester wirkt als b; während dieser Figur etwas Sperriges bei relativer Lockerung des Gefüges anhaftet. Deckt man bei a die äusseren Haken ringsherum ab, so bleibt im Kern ein Hakenkreuz mit Rechtsdrehung. Diese Kernfigur hat in b den entgegengesetzten Bewegungssinn erhalten. In a haben Kern und Rand gleiche, in b widerstreitende Bewegungstendenz. Der Versuch lässt sich nun, wie ich es mehrfach beschrieb, mit einer Rot-Grün-Scheibe so einrichten, dass dieselbe Figur in die eine und in die andere Form hinüberwechselt. Auch dabei treten $\gamma$-artige Bewegungen auf: die b-Figur dehnt sich aus, die a-Figur „schnurrt" zusammen. Es beätigt sich also die oben ausgesprochene Vermutung, dass die relativ offene Figur sich beim Entstehen vergrössert, die relativ geschlossene gegen sie

---

[1] l. c.

[2] Siehe oben das über Külpes Ästhetik Gesagte.

verkleinert. Noch einmal sei die Aufmerksamkeit auf die Schriftzüge der Abb. 18, 20 gelenkt. Das erste Zeichen der ersten Zeile ist ein sehr vereinfachtes H; es soll ein deutsches H sein, ist aber, mit diesem Buchstaben in seiner Idealform verglichen, recht wenig ausgeprägt. Beurteilt man aber das Zeichen vom Gesamtbilde der Handschrift her, so wird man es zweifellos in bestimmtem Sinne „ausgeprägt" nennen dürfen. Seine besondere Form gibt dem Schriftbild mit anderen Vertikalen zusammen sein eigentliches Gepräge. „Ausgeprägt" hat in derartigem Zusammenhang eine neue Färbung erhalten, nämlich „zugehörig", „stilgemäss". Man braucht gewiss kein Graphologe zu sein, um den individuellen Stil einer Handschrift zu spüren, einen, diesen bestimmten Stil persönlich zu kennen. Sofort ist es bemerkbar, wenn ein paar Worte darin, vielleicht nur wenige Buchstaben, von einer anderen Hand stammen. Selbst bei dem Versuch einer Nachahmung ist das Fremde dieser Züge meist zu fühlen; diese Buchstaben „passen" nicht zum Gesamtstil.

Die bisher genannten Ansätze zielen auf eine nähere Umschreibung des Kriteriums der Ordnung. Zusammengehöriges Beieinanderbringen heisst Ordnen. Dabei ist freilich experimentell-methodischen Zwecken folgend, mehr von der Betrachtung der Teile ausgegangen worden. Es muss daher nochmals die effektive Dominanz des Ganzen betont werden. So wird es etwa bei der Wiederholung der v. Hornbostelschen Inversionen besonders deutlich, wie jeder Teil seine Rolle vom Ganzen zuerteilt bekommt. Ist gerade eine Inversion des Würfels gelungen, so ändert sich damit die Funktion aller seiner Teile. An geeigneten Objekten lässt sich aufzeigen, dass die Funktion des Stückes wirklich vom Ganzen bestimmt wird und sich nicht etwa als zwischenelementare Beziehung verstehen lässt (Satz 2). Hierzu sei in dem Gitterquadrat (Abb. 4a) die obere Seite des zweiten Quadratfeldes der zweiten Reihe des Netzes näher beachtet. Das diesem kurzen undurchschnittenen Strich entsprechende Stück in 4b und c soll damit verglichen werden (wobei in 4c das betreffende Hakenkreuz einmal isoliert genommen werden soll). In a hat das bezeichnete Stück die Funktion der Maschenbegrenzung; es ist Trennungslinie zwischen zwei Flächenstücken. In b gehört das entsprechende Stück zu der einen der beiden sich kreuzenden Schleifen; es ist Verbindungsstück, Fortsetzung. In c endlich ist es Träger des Hakens, Speiche des Sonnenrades. Es ist leicht ersichtlich, dass die geschilderten Funktionen — das Wort wurde bereits früher öfter im gleichen Sinne benutzt — Ganzbeschaffenheiten sind. Ich habe an anderer Stelle (22, S. 35 Abb. 9) versucht zu zeigen, dass sich ein Gebilde zeichnen lässt, dessen zwischenelementare Nachbarschaftsverhältnisse alle drei Funktionsbestimmungen ermöglichen, dass mithin ihre eindeutige Richtung von der Gesamtgestalt herrührt — anders gesehen: auf sie abzielt. Wie ist es, wenn wir die Gesichtsskizze der Abb. 8 anschauen? Der unbefangene Beobachter hat zweifellos zuerst eine ganz bestimmte Gesamtauffassung: da ist ein etwas blöder, über die Vorzüglichkeit seiner Klinge verzückter Kerl. Von da aus erhalten die Teilgebilde ihre Funktion: Punkt = Pupille, Bogen = Kante des geöffneten Unterlides. Ist hingegen zuerst die andere der oben geschilderten Ansichten da, so werden die Punkte ganz unterdrückt, oder aber sie erhalten die Bedeutung von Warzen. Man darf geradezu von einem **Drang zu sinnvoller Einordnung** aller Gebilde des Wahrnehmungsfeldes in ein übergeordnetes Ganzes, das primär gegeben ist, sprechen. Das wird noch auffälliger bei weniger zuvor durchgeformten Reizgegebenheiten. Es sei an das Heraussehen von phantastischen Gebilden aus Feuchtigkeitsflecken einer Wand oder aus Wolkenballen erinnert. Ein Kopf, ein Drachen, ein Reiter ist das erste, was uns entgegentritt, und von da aus beginnt ein sinngemässes Anlagern möglichst sämtlicher Teile des Feldes.

Mit den letzten Beispielen gelange ich an den zweiten Gegenstand, der zum Ausbau des Gestaltgesetzes dienen sollte; es ist die Gestaltung, die **Gestaltergänzung** in weitester Wortbedeutung. In Satz 11 habe ich darauf hingewiesen, dass **Koffka** das alte Assoziationsgesetz durch ein Gesetz der Gestaltergänzung ersetzen will. Worin besteht nun dessen Überlegenheit (ausser der Tatsache, dass es der Natur gemäss vom Ganzen ausgeht)? Die Rolle des Zufalls, der Bewusstseinsinhalte zusammenbringt, wird abgelöst durch innerlich sachgemässes Zusammengehören. (Assoziation — Kuppelei; Gestaltergänzung — Wahlverwandtschaft.) Assoziation ist blind, sinnlos, Gestaltergänzung aber notwendig, sinnvoll. **Höfler**[1] versucht ein **Gestaltungsgesetz**, dessen Ausgangspunkt in biologisch gefärbten Fragestellungen liegt. Ganz grob und handgreiflich sagt es die Frage: Wie kommt es, dass die Eiche Eicheln trägt und nicht etwa Kastanien? Es wird ein inneres Bildungsprinzip benannt, „dessen Enderfolg darin besteht, dass die jeweilig vorhandenen Teile eines sich entwickelnden Organismus aus sich nur solches produzieren, was zu den jeweilig vorhandenen in harmonischen, stilgemässen, kurz: organischen Verhältnissen steht"[2]. Von solchen Erwägungen ausgehend formuliert nun **Höfler** ein spezielles **Gestaltungsgesetz der Vorstellungsproduktion.** „Im Phantasiebegabten schliessen sich an ein Vorstellungselement a oder an anschauliche Vorstellungskomplexe $a_1 a_2$ . . . solche Elemente oder Komplexe $b_1 b_2$ . . ., dass die a und b — — ein anschaulich gestaltetes Vorstellungsganzes produzieren". Wenn wir von „Sinn" reden — das Wort ist schon wiederholt nach verschiedenen Autoren hier zitiert worden — so heisst das eigentlich „sachliche Gefordertheit", **Ganzbezogenheit**[3]. Es taucht das Problem auf, ob jenes Wort nicht vielleicht ganz allgemein so gedeutet werden darf. Übereinstimmend bezeichnet **Wertheimer** den eigentlichen Ursprung der Struktur eines Wahrnehmungsfeldes mit dessen Tendenz,

---

[1] Höfler, Studien **1**, 80.

[2] Es ist bemerkenswert, dass die Beschreibung hier geradezu die Bezeichnung „organisch" fordert. (Deshalb habe ich auch in der nach **Sander** wiedergegebenen Stelle oben das Ausrufungszeichen angebracht.)

[3] Dazu auch **Koffkas** Auseinandersetzung mit **Lindworsky**. (**19**, 522 u. 526.)

„sinnvoll zu werden, einheitlich zu werden, von innerer Notwendigkeit beherrscht zu werden" (18, S. 13). Ich möchte in derartigen Sätzen, die weiteste,
umfassendste Form des Gestaltgesetzes sehen. Daher mag noch ein ähnlicher
Satz Wertheimers folgen (17, S. 56). „Treten an Stelle von Vorgängen
nach bloss äusseren inhaltsfremden Faktoren Vorgänge, die sich durch „innere
Gesetze vom Ganzen" her bestimmen, so ist nicht mehr, was zusammentritt,
was ergänzt wird, was geschieht, im Grunde sinnlos, blind, beliebig, mechanisch,
durch Gewohnheit bedingt . . . ; an Stelle von prägnant sinnlosen oder recht
eigentlich nur zufällig sinnhaften Vorgängen ermöglichen sich echt sinnvolle".

An die Stelle einer Zusammenfassung, die übrigens durch Aneinander-
fügen der 13 Hauptsätze leicht gewonnen werden kann, trete folgende
Übersicht!

**Gestalt**

Das Ganze.                    Die Teile.

Bezogenheit.

Abgesondertheit              Auseinandergesetztheit.

Gefüge.

Einheitlichkeit              Mehrheitlichkeit.

Wechselspiel.

Bindung                      Gliederung.

Ausgeprägtheit.

Angleichung                  Abhebung.

**Sinn.**

# Subjektive und objektive Gestalten.

Die Bedeutung der Frage nach dem Vorkommen physischer Gestalten
liegt für die Psychologie darin, dass sie grundsätzlich entschieden sein muss,
ehe die Möglichkeit eines naturwissenschaftlichen Verständnisses der Bewusstseinserscheinungen untersucht werden kann. Für den Gestaltpsychologen
sind alle psychischen Vorgänge ihrem Wesen nach von einerlei Art; er kann
eine Scheidung, wie Lindworsky sie will, in Erlebnisse indifferenten In-
halts und sinnvolle Erlebnisse, von denen nur die erste Gruppe physiologisch
bedingt sei, nicht anerkennen. Dann wird aber die Frage nach den physiologischen Bedingungen des Seelenlebens zur Frage nach dem Bestehen physio-
logischer Ganzvorgänge. Sobald der Nachweis physischer Gestalten überhaupt erbracht ist, stehen der Lösung dieser Frage keine prinzipiellen Schwierigkeiten mehr im Wege.

Bevor ich das Problem der physischen Gestalten behandle, muss indessen
zunächst der Anteil des Subjektes und des Objektes an einer Wahrnehmungs-

gestalt geklärt werden. Diesem Fragenkomplex bin ich bei der phänomenologischen Darstellung möglichst ausgewichen; dennoch ist bereits aus dem mitgeteilten Tatbestande ersichtlich, dass es innere und äussere Gestaltbedingungen gibt. Ihre Rollen sind nun gegeneinander abzugrenzen!

Die äusseren, im Objekt gelegenen Gestaltbedingungen habe ich mit den Reizkonstellationen, wie sie in den zahlreichen Versuchen, von denen ich berichtete, herbeigeführt wurden, in vielen Einzelfällen beschrieben. Es fragt sich, wie weit sie sachlich die Gestaltauffassung bestimmen. Darüber hinaus lässt sich die Frage aufwerfen, ob jene Gebilde auch objektiv — ohne ein wahrnehmendes Subjekt überhaupt — als Gestalten gelten können. Andererseits ist von den inneren Gestaltbedingungen ebenfalls schon die Rede gewesen. So wurden die Methoden zur Reduktion der Reizbedingungen in Satz 5 aufgezählt, die ein inneres Gerichtetsein auf Gestalten aufdecken. Es wurde betont, dass bestimmte Gestalten dadurch ausgezeichnet sind, dass sie unserer Wahrnehmung besonders gemäss sind (Satz 10). Weiter wies das Eigenleben der Gestalten in Satz 9 auf gewisse, freilich unwillkürliche Bedingtheiten, die aus der Struktur des Beobachtenden stammen. Hier ist der Einfluss von Aufmerksamkeit und Erfahrung auf die Gestaltung sinnlicher Erlebnisse näher zu bestimmen. Es ist zu fragen, ob jene inneren Bedingungen etwa erst Ausgeprägtheit, Ordnung, Sinn des Phänomenalen hervorbringen, wie es z. B. Benussi in seiner „Produktionstheorie" aufgefasst hat.

Ein Einfluss der inneren Bedingungen lässt sich in der — freilich nicht unbegrenzten — Möglichkeit, die verschiedenen Auffassungen einer mehrdeutigen Gestalt willkürlich herbeizuführen, erweisen. Es gibt weiterhin konstitutionelle Eigentümlichkeiten, die bei bestimmten Individuen ganz bestimmte Formen der Wahrnehmung begünstigen. Auf die Eigenart der kindlichen Wahrnehmung bin ich in Satz 5 und später näher eingegangen. Benussi unterscheidet isolierende und synthetisierende Typen. Die ihnen entsprechenden Auffassungsweisen zeigen die Beschreibungen einer Meanderkante. Synthetisch gefasst ist sie „eine weisse endlos laufende Figur auf schwarzem Grunde", isolierend dagegen „eine aus zwei Reihen von entgegengesetzt zueinander gestellten schwarzen Haken gebildete Figur auf weissem Grunde". Eine Übung in der Synthese wirkt nach Benussi wie Ermüdung im Isolieren und umgekehrt. („Gesetz der Äquivalenz von Übung und Ermüdung bei unwillkürlich entstandenen entgegengesetzten Auffassungsweisen".) Sander kennzeichnet diese konstitutionellen Einstellungen („Strukturen" Krueger) nach ihrer Gezieltheit auf den Pol der Ganzheitlichkeit oder der Stückhaftigkeit in der Gestaltauffassung (s. Abb. 10). Der synthetische Typ erlebt mit grösserer Wärme gefühlsmässiger Anteilnahme; während der analytische kühler abwägend, mehr Glied mit Glied vergleicht. Sander glaubt aber noch einen dritten „im prägnantesten Sinn gestalterlebenden" Typus heraussondern zu müssen, „der mit den Ganzen zugleich die Glieder hat in einem sinnvollen Gefügezusammenhang". Ich möchte vermuten, dass man nach diesem Sanderschen Schema etwa einordnen könnte: synthetischer Typ — Kind; analytischer — Logiker, Physiker; gestaltgerichteter — Maler, Bildhauer. Ipsen[1] konnte die beiden extremen Verhaltungsweisen gegenüber dem Sanderschen Parallelogramm beobachten: der Täuschungsgrad ist am höchsten beim Synthetiker. H. Strauss erhob bei Darbietung der Zeichnung eines Schizophrenen (sinnloses, geschlossenes Liniengewirr 6 Sek. gezeigt) drei typische Deutungsaussagen. „Eine Reihe von Versuchspersonen begnügt sich mit der äusseren Umschreibung als Liniengewirr oder versucht eine Deutung im Sinne einer künstlerischen Stilart . . . Die zweite Gruppe von Aussagen vertieft diese Deutung auf der Grundlage einer wesentlich flächenhaften Anschauung (geographische Skizze, Spinngewebe . . .). Die dritte Gruppe gelangt zu gegenständlicher Ganzheit durch dinghaft räumliche Auffassung (Krystall, Pflanze . . . Landschaft . . .)". Diese Beschreibungen dürften der Reihe nach mit den Sanderschen Synthetikern, Analytikern und Gestalterfassern stimmen. Auch Wulf beschreibt zwei verschiedene Auffassungstypen, die ziemlich der zweiten und dritten Gruppe von Strauss parallel gehen. Freilich denkt er dabei weniger an individuellfestliegende Strukturen. Er benutzte zu seinen Versuchen einfache geometrische Gebilde und Ornamentstücke. Sein isolativer Typus lässt die Figuren mehr als solche bestehen, indem er sie mit mathematischen Bezeichnungen beschreibt; beim komprehensiven Typus dagegen erhält die Sache mehr Dingcharakter und tritt in Lebensnähe. So wird ein Gebilde beschrieben vom isolativen Typus als „zwei wagerechte Striche parallel, die schrägen nicht", vom komprehensiven Typus hingegen als „Treppenstufen". So erscheint in der Regel dem komprehensiven Typus ein einziges einheitliches Gefüge; beim isolativen Typus werden die verschiedenen Figurenteile meist als Teilgebilde gefasst. Diesen konstitutionellen Einflüssen verwandt mögen die Wirkungen von Frische und Ermüdung angeschlossen sein. Bei weitgehender Ermüdung nimmt die diffuse Homogenität des Erlebnisses zu; bei frischer Aufnahmefähigkeit ist die Gliederung am reichsten.

Handelte es sich bisher (z. T.) um angeborene Einstellungen, so umschliesst der Faktor der Erfahrung erworbene. Den Einfluss der Erfahrung auf die Wahrnehmung feststellen, heisst den Anteil des Gedächtnisses in ihr angeben. Leicht lässt sich zeigen, dass das Gedächtnis nicht stückhaft Zufälliges einfach dem Empfindungsmaterial hinzufügt. Frühere sinnliche Erlebnisse können die gegebene Wahrnehmung (etwa in einer Illusion) so umgestalten, dass ein Neues entsteht, das so noch nie da war, aus dem sich auch nicht irgend ein Stück als früher einmal erlebt herauslösen lässt. Die Erfahrung bedingt vielmehr an ihrem Teile die gesamte Art der Erfassung.

---

[1] G. Ipsen, Über individuelle Unterschiede bei der Gestaltsauffassung. Ber. 8. Kongress Psychol. Leipzig. Jena 1924.

Das Neue erhält charakteristische Gestalteigenschaften von früher Erfahrenem: das Gedächtnis wirkt in Gestaltdispositionen. „Besteht eine bestimmte Gestalt-Einstellung, so wird ein ihr entsprechendes Gestalt-Phänomen auch dann zustande kommen, wenn die Reizlage im indifferenten Individuum ein anderes Phänomen hervorrufen würde". „Auch in sehr einfachen Wahrnehmungen kann schon Gedächtnis stecken. Und zwar dadurch, dass durch Gedächtniswirkungen die Bedingungen verändert werden, von denen der Charakter einer Wahrnehmungs-Gestalt abhängt". (Koffka 16, S. 538/39). Andererseits lässt sich der Einfluss der Erfahrung abgrenzen. Das Phänomen der „ausgezeichneten Gestalten" ist nicht etwa dadurch zu erklären, dass jene Formen in der Dingwelt besonders häufig wären, wie G. E. Müller meint. Der rechte Winkel ist reizmässig äusserst selten gegeben, da er sich in den meisten Fällen, wo er objektiv vorliegt, schiefwinklig auf der Netzhaut abbildet. Überdies ist es noch fraglich, ob der Rechte — rein objektiv betrachtet — wirklich so häufig ist, als die Theorie fordern müsste. Sind nicht vielleicht spitze Winkel (Baumverästelungen usw.) in der Natur viel häufiger? Allerdings, in der Erfahrung ist der rechte Winkel (bezüglich aller menschlichen Produkte) zweifellos recht oft gegeben. Die Wahrnehmung des Rechten muss an sich eine natürliche (strukturelle) Reaktionsweise unseres optischen Systemes bedeuten. „Die häufige Erfahrung des rechten Winkels beruht auf seiner Auszeichnung, nicht umgekehrt" (Koffka 19). Diese Auszeichnung beruht indessen auf angeborener Disposition. Die Belanglosigkeit der Geläufigkeit eines Teilstückes für die Auffassung des umfassenderen Komplexes lässt sich an vielen Beispielen aufzeigen. Wertheimer benutzt dazu Buchstaben, die er zu geschlossenen oder zügigen Ornamenten zusammenfügte, in denen man sie in der Tat nicht mehr sieht. Ich möchte noch einmal auf das Hakenkreuzmotiv (Abb. 4a) verweisen. Das einzelne Hakenkreuz ist für uns ein ausserordentlich geläufiges Gebilde; das nützt aber gar nichts, um es aus dem Ornament, das aus vier gleichen Hakenkreuzen gebildet wurde, in der Anschauung herauszuheben. Gottschaldt hat die Frage einer sorgfältigen experimentellen Untersuchung unterzogen. Auch 520-fache Einprägung eines einfachen optischen Gebildes erleichterte das spontane Hervortreten aus einer Figur, in die es unter Gestaltauflösung hineingebaut war, nicht.

Typische Einstellungen auf das Ganze oder einzelne Teile können bis zu einem gewissen Grade willkürlich, z. B. durch Instruktion der Versuchsperson herbeigeführt werden. Bis zu einem gewissen Grade — denn hier werden die Grenzen der inneren Gestaltbedingungen offenbar. Ich habe erwähnt, dass Seifert ein sich Aufdrängen des Ganzen entgegen der planmässigen Beachtung eines vorher benannten Stückes fand. Ebenso erzwingt sich die Figur die Hinwendung der Aufmerksamkeit vor dem Grunde. Gewiss kann man hier sagen, wir sind eben von Natur auf die Wahrnehmung von

Dinghaftem eingestellt. Aber es sind doch Umwelteigenschaften, die jener Richtung entgegenkommen. Innere und äussere Gestaltbedingungen „passen aufeinander"[1]. Auch die schärfste Suchinstruktion erwirkt kein völliges Gelingen, den klaren Bestand von vier gleichen Hakenkreuzen im Motiv nebeneinander zu erleben. Das gleiche ergibt sich bei Inversionsversuchen: wir finden uns geführt von den Eigenschaften des Objektes. Ich habe den Köhlerschen Hinweis auf das Umspringen zum Trotze der Aufmerksamkeitsanstrengungen oben wiederholt. Koffka umreisst den Begriff der Aufmerksamkeit im Falle willkürlicher Verschiebungen des Schwerpunktes im Gestalterlebnis näher. Gewichtsverteilung ist phänomenal gesehen ein Gestaltprozess. Diesem Vorgang ist bezüglich einer ganz bestimmten Umlagerung eine Gestaltdisposition — Bereitschaft des Beobachters zur Umbildung — zugeordnet: das ist Aufmerksamkeit. Aber die Gewichtsverteilung ist im gegebenen Erlebnis nicht beliebig; sie ist wiederum mitbestimmt von äusseren Reiz-Bestimmtheiten. „Je stärker die Wirksamkeit der äusseren Bedingungen, um so weniger wirksam erweisen sich die inneren. Diese sind nie völlig von jenen unabhängig, sondern in vielen Fällen sogar entscheidend von ihnen bestimmt." (20).

Es gehört zu den wesentlichen Zügen jener Gestalttheorie, wie sie uns in den Abhandlungen der „Psychologischen Forschung" entgegentritt, dass sie den Anteil der äusseren Bedingungen betont. Schon die Situation des Versuches zwingt ja den Experimentator häufig, die äusseren Bedingungen möglichst so einzurichten, dass ganz bestimmte Gestalterlebnisse zustande kommen. Bei einer kritischen Durchprüfung dessen, was hier als Versuchsmaterial geboten wurde, sind gerade jene sachlichen Gesetzlichkeiten (Wertheimer) gefunden worden, die ich in Satz 13 brachte. Koffka formuliert es im Groninger Kongressbericht ganz eindeutig. „Nicht etwa das geht schlechthin zusammen, was durch Häufigkeit des Zusammenseins ausgezeichnet ist — der Häufigkeitsfaktor ist vielmehr, wo er wirkt, relativ sehr schwach — sondern sachlich Zusammengehöriges geht auch phänomenal zusammen". Auch Höfler fragt bereits, ob es „wirklich nur subjektive, gefühlsmässige Unterschiede in unserem Verhalten zum ausgezeichnet (organisch oder ästhetisch) Gestalteten" sind, „die uns überhaupt auf den Begriff der Gestalt gebracht haben" (8, S. 201). Er zeigt an einem einfachen Beispiel, dass jedenfalls die verschiedene Wertigkeit („Höhe") einer Gestalt vom Objekt begründet ist. Er zeichnet 5 Punkte in der Anordnung, wie sie auf einem Würfel vorliegt; dann verschiebt er einen der Eckpunkte beträchtlich nach innen. Gestalt und Ungestalt treten so in die Erscheinung — bedingt vom Objekt, von der Reizkonstellation. Köhler (14, S. 194) fasst ausdrücklich

---

[1] Im biologischen Zusammenhang spricht v. Uexküll von „Einpassung" (anklingend an Darwins Anpassung), L. J. Henderson von „gegenseitiger Eignung".

jene Reizgegebenheiten, die z. B. optische Gestalten auslösen können, objektiv als Nicht-Gestalten, „sondern summativ geometrische Mannigfaltigkeiten, wenn schon von Physischem". Der quantifizierend analytische Standpunkt der klassischen Physik würde mithin wenigstens für solche Objekte als derjenige gelten, der das Reale ausser uns beschreibt. Ich glaube in diesem Problemkreis noch offene Fragen sehen zu müssen. Es ist doch etwas an den Gebilden, das sie befähigt, bessere oder schlechtere Gestalten in unserem Erlebnis zu werden. Welche Beziehung hat dieses Etwas zum Gestaltetsein? Der Vorgang, der eine geometrische Figur entstehen lässt, sei er organisch, von Menschenhand geführt, oder mechanisch, etwa durch Schwingungen bedingt, darf doch wohl als „Gestaltung" bezeichnet werden? Warum soll sein Ergebnis dann reine Und-Summe sein? Ich möchte eine philosophische Einstellung, die z. B. ein auf Papier mit Tusche gezogenes Dreieck objektiv schon gestaltet findet, für möglich halten [1]. Dazu werde ich alsbald noch einen Gedankengang v. Ehrenfelsens bringen. Hier sei noch eine merkwürdige Bedingung der Gestaltwahrnehmung angeschlossen, die sich weder zu den inneren noch zu den äusseren einreihen lässt. Ich meine die Überschaubarkeit [2].

Es handelt sich um eine Voraussetzung, eine Bedingung, die Subjekt und Objekt umfasst. Es sei etwa das Hakenkreuzmotiv in so gewaltigen Dimensionen ausgeführt gedacht, dass der Beobachter es aus einer Entfernung von einem Meter nicht erkennen kann. Das bekannte Erlebnis dieses Ornamentes kommt so nicht zustande, obwohl die objektiven Beziehungen der Reizgegebenheiten untereinander nicht verändert sind. Hat sich bei der Vergrösserung auch in dem Objekt eine qualitative Veränderung vollzogen? [3] Das naheliegende ist zweifellos, den Unterschied der Erlebnisse aus dem Unterschiede der Objekt-Subjekt-Beziehung abzuleiten. Aber der Tatbestand ist in beiden Fällen gleich verständlich, ob man nun das Objekt für sich als Und-Summe oder Gestalt auffasst.

Mit den letzterwähnten Fragestellungen gelange ich an das Problemgebiet der physischen Gestalten. Ich möchte es mit einer Erörterung, die v. Ehrenfels 1922 seiner grundlegenden Abhandlung hinzufügte, betreten. v. Ehrenfels hatte in seinem ersten Ansatze eine Trennung von Raum- und Zeitgestalten vollzogen. Eine Raumgestalt wäre z. B. ein geometrisches Ornament, eine Zeitgestalt das berühmte Urphänomen der Melodie. Dem Versuche, Gestalten allgemein als auch ausserhalb unserer Vorstellung

---

[1] Hierzu siehe Becher an der weiter unten angeführten Stelle.

[2] Lindworsky l. c. 88.

[3] So unsinnig, wie es scheinen könnte, ist diese Frage nicht. Die absolute Grösse ist recht belangreich auch im Ästhetischen. Für die Organismen lassen sich biologische Notwendigkeiten ihrer spezifischen Körpergrösse angeben.

existierend zu betrachten, scheinen sich von seiten der Zeitgestalten unüber-
windliche Schwierigkeiten entgegenzustellen. „Gesetzt, die Töne wären wirklich. Wie könnte es aber dann die Melodie sein?" Zu welcher Zeit existiert
die Melodie? Etwa zur Zeit ihres letzten Tones? fragt v. Ehrenfels. Aber
dieser letzte Ton gehört mit seiner charakteristischen Dauer zu dem Ganzen
der Melodie hinzu. Ehe der letzte Ton verklingt, ist daher die Melodie noch
nicht da. Sobald sich aber seine Dauer erfüllte, ist er bereits vergangen,
und so war mit ihm auch die Melodie (objektiv) nicht mehr da. Diese Schwierigkeiten versucht v. Ehrenfels durch eine neuartige Zeitauffassung aufzulösen. Entgegen der üblichen Zeitbetrachtung des Nacheinander, die er chrono-
morph nennt, nach der dem Nochnichtsein des Zukünftigen ein Nichtmehr-
sein des Vergangenen gegenübersteht, schlägt er eine Kennzeichnung analog
der vierten Raumdimension vor, die topomorphe Zeitauffassung jedenfalls
für Vergangenes. Die Zeit schreitet für diese Denkweise nicht homolog vor-
wärts; nicht in gleicher Weise vollzieht sich der Übergang von Gegenwärtigem
zu Vergangenem wie der von Zukünftigem zu Gegenwärtigem. Das Bild einer
unendlichen Geraden, auf der von einem Punkte (der Gegenwart) nach beiden
Seiten (Vergangenheit und Zukunft) gegangen werden kann, ist unzutreffend.
v. Ehrenfels veranschaulicht seine Betrachtung durch das Bild eines nor-
wegischen Wasserfalles, der über eine senkrechte Felswand herab unmittelbar
ins Meer stürzt. „Der uns unbekannte Lauf des Flusses oberhalb des Fels-
grates stellt die Zukunft dar, — der Wasserfall die Gegenwart, und das spie-
gelnde Meer die Vergangenheit". In einer derartigen topomorphen Betrachtung ist die Vergangenheit nicht „vergangen" und „nicht mehr da", sie
ist wirklich. Diese Auffassung bietet nach v. Ehrenfels auch die Möglichkeit, eine Melodie und Zeitgestalten überhaupt als objektiv anzusehen. Die ganze Ableitung mag fremdartig anmuten; — jedenfalls ist sie
ein Zeugnis für das ausgeprägte Bedürfnis, auch die äusseren Bedingungs-
komplexe der Wahrnehmungsgestalten für sich als Gestalten anzusehen.
Den Vorteil der geschilderten Zeitauffassung sieht v. Ehrenfels vor allem
in der Möglichkeit, die sie eröffnet, ein grundlegendes psychophysisches Problem, das er „kinetostatisches Paradoxon" nennt, aufzuklären. Ich
möchte das Gemeinte am Beispiel der Farbe erläutern. Wir haben Grund zu
der Annahme, dass die Erregungsvorgänge in der Sehsphäre unseres Gross-
hirns rhythmisch ablaufen, und dass die Form des jeweiligen Rhythmus vielleicht einem bestimmten farbigen Lichte zugeordnet ist (Fröhlich). Das
Farberlebnis, das nun in irgendeiner Weise mit jenem diskontinuierlichen,
„kinetischen" Gehirnvorgang verknüpft ist, bleibt dagegen während seiner
Dauer (im wesentlichen) sich gleich; es ist ruhend, kontinuierlich, „statisch".
Es ist leicht einzusehen, dass dieses „Paradoxon" jeder Theorie der Leib-
Seele-Beziehung erhebliche Schwierigkeiten bereiten muss. Diese Schwierig-
keiten schwinden, sobald eine Zeitgestalt als real gelten darf. Dann besteht

die Gestalt jenes Erregungsrhythmus während seiner unveränderten Dauer als etwas Zuständliches von gleichartiger Struktur, wie das Farberlebnis [1].

Betrachtet man die Erregungskomplexe der Grosshirnrinde als physische Gestalten, so ergibt sich eine interessante Perspektive für Hör- und Seh-Theorie, die ich noch andeuten möchte. Nach Fröhlichs Auffassung, dass das für eine Farbe Spezifische an der Erregung der Sehsphäre ihr bestimmt geformter Rhythmus ist, wäre die Farbe physiologisch eine Zeitgestalt. Dieses Material der Sehdinge wird z. B. in der bildenden Kunst zur Schöpfung von Raumgestalten in der Wahrnehmung des Beschauenden benutzt. Mit Ewald würden wir für die Hörtheorie annehmen müssen, dass das für einen Ton Spezifische an der Erregung der Hörsphäre eine bestimmte Gruppierung erregter Neuronengruppen (je nach der Lage der Wellenbäuche auf der Basilarmembran) wäre. Der Ton, das Material der Hördinge, wäre somit physiologisch eine Raumgestalt. Und daraus schafft der Komponist die (psychologische) Zeitgestalt der Musik. Vielleicht hat es wesenhafte Bedeutung, dass dort, wo die physiologische Unterlage des Materials Zeitgestalt ist, die Kunst gerade Raumgestalten erzeugt und aus stofflich gegebenen Raumgestalten Zeitgestalten!

Köhler (14) hat den Versuch unternommen, physikalische Gestalten aufzuzeigen, die keine unmittelbare Beziehung zu Wahrnehmungsgestalten besitzen. Er geht dabei im wesentlichen von den v. Ehrenfels-Kriterien 1) Nicht-Summe in der in Satz 1 dargelegten besonderen Form und 2) Transponierbarkeit aus. Von den mannigfaltigen Beispielen Köhlers möchte ich nur die Gruppe der elektrostatischen Ladungsstrukturen erörtern [2]. Die Verteilung einer Elektrizitätsmenge auf einem isolierten Leiter bestimmter Form ist keine einfache Und-Verbindung, sondern ein physikalisches System, in dem jedes Stück das Ganze beeinflusst und wiederum von jedem anderen Stücke abhängt. So lässt sich an einem Orte weder eine Ladungsmenge fortnehmen noch hinzufügen, ohne in dem gesamten System eine Bewegung und Umlagerung herbeizuführen immer im Sinne einer Erhaltung der Eigenstruktur. Ein derartiges physikalisches Gebilde „reagiert stets als Ganzes". Becher [3] hat darauf hingewiesen, dass mit dieser Überlegung bereits über das erste Ehrenfelskriterium in dessen ursprünglicher Ausbildung hinausgeschritten wird. Er schlägt deshalb vor, festzustellen, es handle sich um „universal-kausal-kohärente Systeme". Die Kausalkohärenz lässt sich auch an der Abhängigkeit von der Form des geladenen Körpers aufzeigen. Eine Kugel beherbergt auf ihrer gesamten Oberfläche gleiche Ladungsdichte; wird an

---

[1] v. Ehrenfels lässt die Möglichkeit zu, diese „gestaltliche Überlage" selbst als Farberlebnis anzusprechen.

[2] Bühler hat, wie er (6) selbst betont, schon 1913 versucht, die Leistungen des anschaulichen Proportionsvergleiches dadurch physiologisch verständlich zu machen, dass er auf physikalische Modelle hinwies. So bezeichnete er die Wheastonesche Brücke als ein Proportionsinstrument. „Wir nennen denjenigen physiologischen Prozess, der dem Einstellen der Wagebalken auf ein gewisses Längenverhältnis äquivalent ist, die Proportionseinstellung". (113).

[3] E. Becher, W. Köhlers physikalische Theorie der physiologischen Vorgänge . . . Z. Psychol. 87, 1 (1921). — Ein lokal-kausalkohärentes System ist nach Becher z. B. ein aus einem Kupferdraht gebogenes und zugelötetes Dreieck; wogegen er ein Dreieck, das aus drei einzelnen geraden Kupferdrähten zusammengelegt wäre, als nicht kausalkohärent befindet. (S. 13). Becher zeigt übrigens, dass ein Dreieck der letzteren Art etwa auf eine Wand projiziert, bereits den Ehrenfels-Kriterien in ihrer ersten Fassung genügt.

einer Stelle eine Spitze aufgesetzt, so wird die Ladung an der ganzen Oberfläche auseinanderrücken, um an der Spitze die grösste Dichte auszubilden. Die Transponierbarkeit dieser physikalischen Gestalten ergibt sich daraus, dass die Eigenstruktur bei Veränderungen der Elektrizitätsmenge auf einem bestimmten Leiter (innerhalb weiter Grenzen) stets dieselbe bleibt. Auch wird sie in ihrem eigentümlichen Charakter nicht variiert, wenn der Träger der Ladung geometrisch ähnlich vergrössert oder verkleinert wird. Die Gebundenheit des Stückes im Ganzen demonstriert besonders einleuchtend folgendes Beispiel. Ein dünnes Metallblech von quadratischer Form habe eine Ladung. Die Dichte ist sehr verschieden an den einzelnen Stellen seiner Oberfläche: an den Kanten ist sie grösser als in der Fläche, am grössten aber an den Ecken. Wird dieses Metallblech nun hineingefügt in eine verhältnismässig sehr grosse Kugelfläche, so wird die Ladung an allen Stellen seines Bereiches gleich werden. „Dasselbe Stück ist in verschiedenen Ganzen verschieden“. Man kann weiterhin die Versuchsbedingungen aber auch so einrichten, dass die Eigenstruktur der zusammengefügten Teile unverändert oder doch nahezu dieselbe bleibt. Das wird erreicht, wenn Kugel und Quadratblech durch einen ganz feinen relativ langen Draht miteinander verbunden werden. Dann ist nur der Teilbetrag aus der Gesamtladung, den das Blech erhält, von der Kugel mitbestimmt. Die eigentümliche Verteiltheit der Ladungsdichte bleibt die dem Quadrat eigentümliche. Ein solches System stellt eine schwache Gestalt lockeren Gefüges dar. Endlich hat Köhler auch physikalische Modelle für die Tendenz zur Ausgeprägtheit beschrieben. Das allgemeine Gesetz, das er aus ihnen heraushebt, lautet: „Eine physische Gestalt bedeutet (unter anderem) die Gruppierung gewisser Kräfte, welche im allgemeinen auf die gegebene Form einwirken und sie nur dann nicht wirklich umbilden, wenn die Form als absolut fest betrachtet werden kann“ (14, S. 251). Eine Umbildung der Form ergibt indessen folgender elektrischer Versuch. „Ein unelastischer Metallfaden auf isolierender und glatter Fläche geht, wenn er vom elektrischen Strom durchflossen wird, aus beliebigen Anfangslagen möglichst in Kreisform über“ (16, S. 415). „Der Leiter, der Stromverlauf und das Feld lagern sich maximal einfach und symmetrisch im Raume“ (14, S. 256).

Wenn physikalische Gestalten nachweisbar sind, so kann es grundsätzlich nicht verwunderlich sein, dass Organismen als gestaltet gelten müssen. Aber auch derjenige, dem die physikalischen Beispiele vielleicht angesichts der psychischen Gestalten zu arm erscheinen mögen, kann kaum im Zweifel bleiben, wenn er lebende Gebilde und Lebenserscheinungen bezüglich ihres allgemeinen Gefüges mit Wahrnehmungsgestalten vergleicht. Ich habe schon darauf hingewiesen, dass die Eigenart der Gestalten in der Psychologie oft dazu auffordert, Beschreibungsmittel der Biologie heranzuziehen. Träger des Lebens sind in der Natur stets „Individuen“. Schon dieses alte Wort erinnert an ihre wesenhafte Ganzheit. Wir mögen nur einige Gestaltkriterien

herausgreifen — Nicht-Summe, als Ganzes reagierend, ganzbedingte Teile,
Streben nach Ausgeprägtheit, Widerstand gegen Veränderung, aus innerer
Gesetzlichkeit —: Organismen sind Gestalten!

# Ausblick auf eine psychologische Physiologie.

Welche Förderung kann die Biologie aus der Gestaltpsychologie gewinnen?
Die experimentellen Fragestellungen der Gestaltpsychologen decken sich im
einzelnen oft mit jenen der Sinnesphysiologen [1]. Solche unmittelbaren
Berührungspunkte bieten Untersuchungen über die Schwelle [2], den Kontrast [3], die spezifische Energie [4]. Die Frage nach den physiologischen Grundlagen der Gestalterlebnisse wirkt befruchtend auf die Physiologie des Zentral-
nervensystems. Koffka (19) zeigt, wie der Grundvorstellung der alten Psychologie, nämlich dem Zerlegungsprinzip und dem Assoziationsgesetz, in der
Physiologie die Ausgangsweise von der Erregung einzelner Neurone, die sich
zu anderen Neuronen ausbreitet, ganz entsprach. Auch waren das feste Reflex-
Schema und die starre Lokalisationsthese durchaus einer analysierenden
Psychologie adäquat. Den Wandlungen in der Psychologie parallel geht in
der Nervenphysiologie mehr und mehr eine Beachtung des gemeinsamen
Geschehens in grösseren Apparaten und von Ganzvorgängen eigentümlicher
Art vielleicht im gesamten Nervensystem. Ich habe darüber an anderer Stelle [5]
berichtet und möchte mich hier auf die Nennung der Untersuchungen von
Goldstein [6] und P. Weiss [7] beschränken.

Weiterreichend ist die allgemeine Revision der physiologischen
Methode, die von den Grundlehren der Gestaltpsychologie gefordert wird [8].
Die Physiologie ist noch heute vorwiegend analytisch gerichtet. Von dem
Studium der Organfunktionen geht man weiter zu der experimentellen Er-
forschung der Lebensbedingungen der Zellen. Hier sollte das Gestaltproblem
bedenklich stimmen. Werden nicht wesentliche Eigentümlichkeiten des
Lebendigen von vorneherein der Untersuchung entzogen? Eigentümlichkeiten,
die man auch nicht durch nachträgliches Zusammensetzen des an Stücken
Erhobenen gewinnen kann! Es ist eine mehr biologische Richtung der Physio-

---

[1] E. Gellhorn, Neuere Ergebnisse der Physiologie. **26,** 388. Leipzig. — v. Weizsäcker,
Einleitung zur Physiologie der Sinne, Handbuch der Physiolgie Berlin 1926.

[2] z. B. Gelb-Granit l. c. S. 106.

[3] z. B. Mintz l. c.; Köhler, **16,** 411.

[4] M. v. Frey, Über Wandlungen der Empfindungen bei formal verschiedener Reizung
einer Art von Sinnesnerven. Psychol. Forschg **3,** 209 (1923).

[5] Matthaei, Topographische Physiologie des Rückenmarkes, Handbuch der Physiologie **10,** 131. Berlin 1927.

[6] K. Goldstein, Zur Theorie der Funktion des Nervensystems, Arch. f. Psychiatr. **74,**
370 (1925). — Derselbe: Die Lokalisation in der Grosshirnrinde. Handbuch der Physiologie
**10,** 600. Berlin 1927.

[7] P. Weiss, Erregungsspezifität und Erregungsresonanz. Erg. Biol. **3,** (1928).

[8] Siehe 22.

logie, die sich von solchen Bedenken aus vorbereitet [1]. Der Ausgangspunkt der Untersuchung wird wieder die Beobachtung des intakten Tieres und Menschen. „Denn das funktionelle Gebaren unseres Organismus ist nicht eine einfache Summation von Einzelakten, sondern eine aus Teilleistungen aufgebaute organische Einheitsfunktion. Dementsprechend darf die physiologische Forschung nicht dabei stehen bleiben, die Gesamtfunktion in ihre dynamischen Elemente zu zergliedern und diese zu beschreiben. Es müssen auch die Ordnungsgesetze aufgesucht werden, durch welche die Funktionen der Organe zur funktionellen Äusserung des Organismus zusammengefügt sind" [2]. Die Gestaltpsychologie beweist, dass die Erforschung von Ganzheiten nicht etwa jenseits der Grenzen der Naturwissenschaften liegt. Sie ist auch berufen, grundsätzlich den Irrtum zu widerlegen, als sei die Untersuchung eines Stückes „einfacher" als die des „so komplizierten" Gesamtorganismus. In der Wahrnehmungslehre zeigt Wertheimer diese Einsicht an Punktkonstellationen. Häufig sind vielzahlige Gebilde ganz eindeutig, während Gruppen weniger Punkte oft viele Auffassungsmöglichkeiten zulassen. „Das hat mit einem sehr allgemeinen Satz zu tun: das Ausgehen von wenigen einzelnen Reizen gibt nicht „selbstverständlicherweise" das einfachere, sichere, elementarere Resultat; das theoretische Ausgehen von den Vorgängen bei einzelnen, wenigen Reizen und Relationen her ist nicht einfach notwendig das adäquate. Bei Konstellationen, wie den besprochenen, ist es umgekehrt; die geringzahligeren „einfacheren" Bedingungen sind für das psychisch Resultierende die unsichereren, weniger eindeutigen, weniger „einfachen" " (17, S. 307). Ebenso ist ja genetisch das Ganze „vor den Teilen", also in diesem Sinne einfacher. Für den Physiologen sind solche Erkenntnisse wichtig, für die experimentelle Methodik sowohl wie für die Auswahl des Versuchsobjektes. Der glückliche Griff Verworns in seiner „Allgemeinen Physiologie" bestand darin, dass er seine Cellularphysiologie auf experimentelle Befunde an einzelligen Organismen stützte. Während analytisch gerichtete Forschung ihre grösste Sorgfalt auf das Messen verwendet und daher möglichst quantifizierbare Vorgänge sucht, öffnet die auf Ganzheit abzielende Arbeitsweise die Augen für das Qualitative, das Einmalige, das Individuelle. Hierin liegt der Zusammenhang mit der modernen Typenforschung, die ebenfalls auf Strukturgesetze ausgeht [3].

Der entscheidende Antrieb jeder Einzelforschung ist letzten Endes die allgemein-theoretische Einstellung, aus der die Fragen geboren werden. Der Vitalist richtet seine Aufmerksamkeit auf andere Lebenser-

---

[1] v. Uexküll, Handbuch der Physiologie 1, 1.

[2] W. R. Hess, Funktionsgesetze des vegetativen Nervensystems. Klin. Wschr. 5 (1926). — Derselbe: Über die Wechselbeziehungen zwischen psychischen und vegetativen Funktionen. Neur. Abh. H. 2. Zürich 1925.

[3] E. R. Jaensch, Die Eidetik und die typologische Forschungsmethode, 2. Aufl. Leipzig 1927. — Fr. Kraus, Die allgemeine und spezielle Pathologie der Person. Leipzig 1919.

scheinungen als der Mechanist. Und wenn sie beide an demselben Objekt untersuchen, so werden sie verschiedenes sehen. Die Gestaltlehre geht über den extremen Standpunkt des strengen Mechanismus hinaus. „Gerade die besondere Art des Zueinander der Stoffe und Vorgänge, ihre räumliche und zeitliche Ordnung, macht das aus, was wir Leben nennen" [1]. Und noch schärfer drückt es Pütter an einer anderen Stelle desselben Buches aus. „Es ist vielleicht nicht zuviel gesagt, wenn wir den Satz aufstellen: das, was die Physiologie ausser einer Physik und Chemie der lebenden Systeme gibt, ist die Lehre von den Gestalteigenschaften dieser Systeme". (S. 563). Es gilt weiter zu zeigen, dass in der Gestalttheorie Möglichkeiten stecken, gerade die Fragen zu lösen, die den Vitalismus in irgendeiner Form immer wieder aufleben lassen [2]. Zwei Gedankengebilde sind es in der Hauptsache, die der theoretischen Bewältigung jener Spannungen von der Gestalttheorie zur Verfügung gestellt werden. 1. Wenn schon vielleicht Einzelvorgänge an Stücken von Lebewesen physikalisch aufklärbar sind, so kann der Komplex, das ganze lebendige System eines Organismus ihnen gegenüber qualitativ neue Eigentümlichkeiten, nämlich Gestaltqualitäten besitzen, die den Teilstücken fremd sind [3]. 2. Das Zusammentretende ist ganz allgemein nicht zufällig Zusammengefügtes, sondern innerlich Zusammengehöriges, sinnvoll Geordnetes. Auch der typische Vitalismus fügt ja an die vorhandenen blindgesetzlich gedachten Naturvorgänge etwas anderes, unzugängliches, eigentlich stückhaft hinzu. Schon im Ansatz steckt ein unüberbrückbarer Dualismus; im Bereiche der Physik herrscht Zufall, im Lebendigen der Zweck. Ganz wesentlich hat nun aber die Gestalttheorie die Annahme erschüttert, als sei das Geschehen in der unbelebten Natur wirklich so mechanisch, blind, stückhaft, dem Wesen nach sinnlos. Goethe hat oft dieses physikalische Vorurteil bekämpft. So wird von der Natur gesagt:

> Das hat sie nicht zusammen gebettelt,
> Sie hats von Ewigkeit angezettelt.

Oder in dem oben bereits erwähnten Gespräche über das dem Französischen entlehnte Wort „Komposition": „Ich kann aber wohl die einzelnen Teile einer stückweise gemachten Maschine zusammensetzen und bei einem solchen Gegenstande von Komposition reden, aber nicht, wenn ich die einzelnen lebendig sich bildenden und von einer gemeinsamen Seele durchdrungenen Teile eines organischen Ganzen im Sinne habe". Die Untersuchung der physischen Gestalten hat gelehrt, dass es auch im Anorganischen echte Ganzvorgänge gibt. Im ganzen Naturbereich betätigen sich im Grunde gleichartige Strukturgesetze. Ähnlich ist der Weg, den die Gestalt-

---

[1] A. Pütter, Stufen des Lebens. Berlin 1923.

[2] Dazu siehe 18., 19., 20. sowie O. Schwarz, Psychogenese und Psychotherapie körperlicher Symptome. Wien 1925, Darin die Beiträge von Schwarz S. 1 und Schilder S. 30.

[3] „L'élément ultime du phénomène est physique; l'arrangement est vital." — Der letzte Satz in Claude Bernards „Leçons sur les phénomènes de la vie", Paris 1879.

theorie zur Lösung des Leib-Seele-Problemes anbahnt. Auch diesbezüglich kann ich nur die wesentlichen Grundgedanken andeuten. Ganz handgreiflich weist Wertheimer auf die Zumutung hin, die der natürliche Mensch empfinden muss, „wenn er sieht, dass ein anderer Mensch erschrickt, Furcht hat, zornig ist, dass man ihm einreden könnte: ja, du siehst bestimmte physische Sachen, die haben nichts in ihrem Innern zu tun mit dem Psychischen, sie sind bloss äusserlich gekoppelt mit dem, was psychisch in ihnen vorgeht; du hast oft gesehen, dass dies und dies gekoppelt war (18, S. 19)". Für die Gestalttheorie gehören Affekt und Affektäusserung innerlich zusammen. „Es sind die gleichen Gestalteigenschaften, die, am nervösen Geschehen haftend, sich einerseits in die Glieder projizieren und so zu Reizen für die Gebarens-Beobachtungen werden, andererseits dem Gestalt-Merkmal der Phänomene selbst entsprechen" (Koffka 19, S. 593)[1].

Derartige Betrachtungsweise macht endgültig den Blick frei zu einer wahrhaft psychologischen Physiologie! Sie untersucht Erlebnisse als echte Lebenserscheinungen, wie es vielleicht als erster bewusst der Altmeister der Physiologie Ewald Hering, getan hat, wenn er das „Gedächtnis als eine allgemeine Funktion der organisierten Materie" erfasste[2]. So hat noch der 72-jährige in einem 1906 gehaltenen Rückblick zum Ausdruck gebracht, dass er sich gewöhnt habe, „zu den Empfindungen als den Zeigern der Uhr seine Zuflucht zu nehmen, so oft der weitere Einblick in den Gang des Räderwerkes ihm versagt" war. Dieser Weg könnte heute planmässiger geschehen. Das Material einer biologisch orientierten Psychologie würde allgemein-physiologische Einsichten gewähren, wie ich es soeben für die Gestaltpsychologie andeutete. Ein solches Verhältnis zwischen „Wahrnehmungslehre und Biologie" fordert neuerdings der Psychologe E. R. Jaensch[3]. „Nicht nur da sind tiefe Aufschlüsse für das allgemeine Lebensproblem zu erwarten, wo die Organismen anatomisch am einfachsten sind, sondern auch dort, wo sich die Reaktionen und Anpassungen des Lebendigen am genauesten und eindringendsten untersuchen lassen. Dies ist in besonderem Masse der Fall im Gebiet der Empfindungs- und Wahrnehmungsvorgänge; denn es gibt kein feineres, genaueres und anpassungsfähigeres Reagens auf gegebene Bedingungen und Umweltreize, als gerade diesen Zweig des Lebensgeschehens" (S. 256). Eine so gefasste psychologische Physiologie besitzt überdies den Vorteil einer unmittelbaren Zugänglichkeit ihres Gegenstandes.

„Ist nicht der Kern der Natur
Menschen im Herzen?" —

---

[1] Diese Auffassungen sind verwandt mit dem Standpunkte Schelers, wonach Fremdseelisches unmittelbar wahrgenommen werden kann. (Max Scheler, Wesen und Formen der Sympathie. 3. Aufl. Bonn 1926.)

[2] Fünf Reden von Ewald Hering. Leipzig 1921.

[3] E. R. Jaensch, Über den Aufbau der Wahrnehmungswelt und ihre Struktur im Jugendalter. 13. Z. Psychol. 93, 129 (1923), besonders S. 249

# Bibliographie.

Unter den folgend aufgeführten Nummern diesesVerzeichnisses findet man Literatur über die bezeichneten Gegenstände.

I. Optische Täuschungen:

5, 6, 8, 13, 29, 34, 35, 44, 48, 52, 70, 72, 75.

111, 112, 113, 118, 121, 145, 158, 164.

203, 204, 206, 221, 227, 228, 229, 230, 242, 243, 246, 256, 259, 264, 266, 295.

311, 312, 335, 339, 341, 349, 350, 354, 363, 367, 375, 379, 384, 387, 388.

419, 425, 440, 462, 472, 476, 486.

508, 513, 521, 532, 542, 543, 544, 547, 549, 554, 561, 562, 564, 588, 592, 596.

606, 615, 616, 623.

II. Akustische Gestalten:

44, 51, 53, 90, 98.

100, 101, 102, 114, 116, 138, 141, 146, 150, 151, 174, 175, 177, 185.

209, 210, 211, 216, 219, 224, 230, 258, 269, 282, 290, 291.

355, 356, 359, 360, 378, 383, 386.

400, 405, 415, 416, 433, 445, 448, 458, 463, 464, 469.

502, 507, 509, 514, 518, 526, 539, 540, 541, 545, 566, 570, 571, 572, 573, 575, 576, 577, 578, 579, 580, 581, 582, 583, 584, 598.

609, 610, 621, 622.

III. Taktile und motorische Gestalten:

32, 44, 54, 67, 68.

139, 152, 157.

234, 237, 239, 240, 255, 261, 270, 271, 279, 296, 298.

301, 303, 304, 310, 327, 328, 357, 366, 367, 377.

405, 409, 428, 438, 443, 452, 471, 484, 485, 498.

512, 534, 538, 552, 557, 558, 559, 589, 599.

601, 607, 625, 626, 627.

IV. Denkgestalten:

4, 18, 44, 51, 65, 74, 88, 96.

107, 117, 122, 129, 132, 133, 144, 149, 167, 168, 170, 176, 192, 195, 199.

207, 212.

334, 342, 371.

457, 467, 477.

504, 511, 517, 556, 593, 597.

600, 608, 612, 613, 620.

V. Gestalten des primitiven Bewusstseins:

9, 19, 62, 63, 78, 82, 87, 99.

103, 120, 178, 179, 180, 189, 191, 192, 195.

241, 243, 246, 258, 263.

302, 322, 335, 343, 372, 373, 374, 385.

401, 402, 403, 404, 413, 414, 459, 465, 474.

503, 531, 567, 569, 595.

614.

## A. Theoretisch.

1. *Ackerknecht, E.,* Über Umfang und Wert des Begriffes „Gestaltqualität". Z. Psychol. **67,** 289—352 (1913).

2. *Becher, E.,* Gehirn und Seele. Heidelberg 1911. 405 S. — 3. *Becher, E.,* W. Köhlers physikalische Theorie der physiologischen Vorgänge, die der Gestaltwahrnehmung zugrunde

liegen. Z. Psychol. 87, 1—44 (1921). — 4. *Bentley, J. M.*, Psychology of Mental Arrangement. Amer. J. Psychol. **13**, 269—293 (1902). — 5. *Benussi, V.*, Zur Psychologie des Gestalterfassens. (Die Müller-Lyersche Figur.) In Untersuchungen zur Gegenstandstheorie und Psychologie. Herausgeg. von Meinong, Leipzig 1904. 303 S. — 6. *Benussi, V.*, Gesetze der inadäquaten Gestaltauffassung. [Die Ergebnisse meiner bisherigen experimentellen Arbeiten zur Analyse der sog. geometrisch-optischen Täuschungen (Vorstellungen außersinnlicher Provenienz)]. Arch. f. Psychol. **32**, 396—419 (1914). — 7. *Beyme, M.*, Die stroboskopischen Erscheinungen. Langensalza: H. Beyer u. Söhne 1922. 79 S. — 8. *Bühler, K.*, Die Gestaltwahrnehmungen. I. Stuttgart 1913. 297 S. — 9. *Bühler, K.*, Die geistige Entwicklung des Kindes. 4. Aufl. Jena: Gustav Fischer 1924. 484 S. — 10. *Bühler, K.*, Handbuch der Psychologie. I. Struktur der Wahrnehmungen. 1. Die Erscheinungsweisen der Farben. Jena 1922. 211 S. — 11. *Bühler, K.*, Die Krise der Psychologie. Jena 1927. 223 S. — 12. *Bühler, K.*, Die „Neue Psychologie". Koffkas Z. Psychol. **99**, 145—159 (1926). — 13. *Burmester, L.*, Theorie der geometrisch-optischen Gestalttäuschungen. Z. Psychol. **50**, 219—274 (1909).

14. *Calkins, M. W.*, Critical Comments on the „Gestalttheorie". Psychol. Rev. **33**, 134—158 (1926). — 15. *Cornelius, H.*, Über Verschmelzung und Analyse. Vjsch. wiss. Philos. **16**, 404—446 (1892); **17**, 30—75 (1893). — 16. *Cornelius, H.*, Psychologie als Erfahrungswissenschaft. Leipzig: J. B. Teubner 1897. 445 S. — 17. *Cornelius, H.*, Über „Gestaltqualitäten". Z. Psychol. **22**, 101—160 (1900). — 18. *Cornelius, H.*, Zur Theorie der Abstraktion. Z. Psychol. **24**, 117—141 (1900).

19. *Dexler, H.*, Die prinzipielle Lage in der Tierpsychologie. Psychol. Forschg **7**, 194—225 (1926). — 20. *Dilthey, W.*, Ideen über eine beschreibende und zergliedernde Psychologie. Sitzgsber. preuß. Akad. Wiss. Berlin **1894**, 1309—1407. — 21. *Driesch, H.*, Das Ganze und die Summe. Leipzig: Emanuel Reinicke 1921. — 22. *Driesch, H.*, „Physische Gestalten" und Organismen. Ann. de Philos. **5**, 9/10 (1926). — 23. *Driesch, H.*, Grundprobleme der Psychologie. Ihre Krisis in der Gegenwart. Leipzig 1926. 249 S. — 24. *Driesch, H.*, Kritisches zur Ganzheitslehre. Ann. de Philos. **5**, 281—304 (1926).

25. *Eberhard, M.*, Über Wechselwirkungen zwischen farbigen und neutralen Feldern. Psychol. Forschg **5**, 143—170 (1924). — 26. *Ehrenfels, Chr. v.*, Über Gestaltqualitäten. Vjschr. wiss. Philos. **14**, 249—292 (1890). — 27. *Ehrenfels, Chr. v.*, Das Primzahlengesetz. Leipzig: O. R. Reisland 1922. 116 S. — 28. *Erismann, Th.*, Verstehen und Erklären in der Psychologie. Arch. f. Psychol. **55**, 111—136 (1926).

29. *Filehne, W.*, Die geometrisch-optischen Täuschungen als Nachwirkungen der im körperlichen Sehen erworbenen Erfahrung. Z. Psychol. **17**, 15—61 (1898). — 30. *Filehne, W.*, Über das optische Wahrnehmen von Bewegungen. Z. Sinnesphysiol. **53**, 134—144 (1922). — 31. *Flach, A.*, Die Psychologie der Ausdrucksbewegung. Arch. f. Psychol. **65**, 435—534 (1928). — 32. *Frey, M. v.*, Über Wandlungen der Empfindung bei formal verschiedener Reizung einer Art von Sinnesnerven. Psychol. Forschg **3**, 209—218 (1923). — 33. *Friese, C.*, Gestalttheorie und Erkenntnislehre. Ann. de Philos. **5**, 209—213 (1926). — 34. *Fröhlich, F. W.*, Die Empfindungszeit. Ein Beitrag zur Lehre von der Zeit-, Raum- und Bewegungsempfindung. Jena 1929. 365 S. (Namentlich: XII. Die Bewegungsempfindung und das stroboskopische Sehen. S. 256. XIII. Die Entstehung der geometrisch-optischen Täuschungen. S. 268—276.)

35. *Gatti, A.*, Über die Entstehungsweise visueller Komplexe. Ber. 8. internat. Kongr. Psychol. Groningen **1927**, 270—272. — 36. *Gelb, A.*, Theoretisches über „Gestaltqualitäten". Z. Psychol. **58**, 1—58 (1911). — 37. *Gelb, A.*, Die psychologische Bedeutung pathologischer Störungen der Raumwahrnehmung. Ber. 9. Kongr. exper. Psychol. München **1925**, 23—81. — 38. *Gellhorn, E.*, Neuere Ergebnisse der Physiologie. Berlin 1926 (darin: Zur Psychophysiologie der Gestalt. S. 388—394). — 39. *Gemelli, A.*, Über das Entstehen von Gestalten. Beitrag zur Phänomenologie der Wahrnehmungen. Arch. f. Psychol. **65**, 207—268 (1928). — 40. *Gneisse, K.*, Die Entstehung der Gestaltvorstellungen, unter besonderer Berücksichtigung neuerer Untersuchungen von kriegsbeschädigten Seelenblinden. Arch. f. Psychol. **42**, 295—334 (1922). — 41. *Goldstein, K.*, Zur Theorie der Funktion des Nervensystems. Arch. f. Psychiatr. **74**, 370 bis 405 (1925). — 42. *Guillaume, P.*, La théorie de la forme. J. de Psychol. **22**, 768—800 (1925).

**43.** *Hamann, R.*, Über die psychologischen Grundlagen des Bewegungsbegriffes. Z. Psychol. **45**, 231—254, 341—377 (1907). — **44.** *Hamburger, R.*, Neue Theorie der Wahrnehmung und des Denkens. Berlin 1927. 279 S. — **45.** *Hartgenbusch, H. G.*, Gestalt-Psychology in sport. Psyche (Lond.) **2**, 41—52 (1926). — **46.** *Helson, H.*, The psychology of Gestalt. Amer. J. Psychol. **36**, 342—351 (1925). — **47.** *Henning, H.*, Psychologie der Gegenwart. Lebendige Wissenschaft 2, Berlin 1925. — **48.** *Hering, E.*, Der Raumsinn und die Bewegungen des Auges. In Nagels Handbuch der Physiologie. Bd. 3, 4, S. 343—602. 1879. — **49.** *Hillebrandt, Fr.*, Zur Theorie der stroboskopischen Bewegungen. Z. Psychol. **89**, 209—272 (1922). — **50.** *Höfler, A.*, Gestalt und Beziehung — Gestalt und Anschauung. Z. Psychol. **60**, 161—240 (1912). — **51.** *Höfler, A.*, Naturwissenschaft und Philosophie. Vier Studien zum Gestaltungsgesetz. I. Anlässe und Aufgaben. II. Tongestalten und lebende Gestalten. Sitzgsber. Akad. Wiss. Wien, Philos.-hist. Kl. **1922**, 191, 3. 122 S., 196, 1. 150 S. — **52.** *Hofmann, F. B.*, Die Lehre vom Raumsinn des Auges. Berlin 1920. 220 S. — **53.** *Hohenemser, R.*, Über Konkordanz und Diskordanz. Z. Psychol. **72**, 373—382 (1915). — **54.** *Homburger*, Zur Gestaltung der menschlichen Motorik und ihrer Beurteilung. Z. Neur. **85**, 274—314 (1924). — **55.** *Hönigswald, R.*, Vom Problem des Rhythmus. Eine analytische Betrachtung über den Begriff der Psychologie. Leipzig 1926. 89 S. — **56.** *Humphrey, G.*, The psychology of the „Gestalt". J. educat. Psychol. **15**, 401—412 (1924). — **57.** *Humphrey, G.*, The theory of Einstein and the Gestalt-Psychology: a parallel. Amer. J. Psychol. **35**, 353—359 (1924). — **58.** *Husserl, E. G.*, Philosophie der Arithmetik. Psychologische und logische Untersuchungen. Halle 1891. 324 S. — **59.** *Husserl, E. G.*, Philosophie als strenge Wissenschaft. Logos 1, 309 (1910). — **60.** *Husserl, E. G.*, Logische Untersuchungen (1900). 2. Aufl. Halle 1913, 1921. 508 u. 244 S.

**61.** *Ipsen, G.*, Zur Theorie des Erkennens. Untersuchungen über Gestalt und Sinn sinnloser Worte. Neue psychol. Stud. 1, 279—473 (1926).

**62.** *Jaensch, E. R.*, Über den Aufbau der Wahrnehmungswelt und ihre Struktur im Jugendalter. 13. Z. Psychol. **93**, 129 (1923). — **63.** *Jaensch, E. R.*, Die Eidetik und die typologische Forschungsmethode. 2. Aufl. Leipzig 1927. 90 S.

**64.** *Kainz, F.*, Gestaltgesetzlichkeit und Ornamententstehung. Z. angew. Psychol. **28**, 267—328 (1927). — **65.** *Katona, G.*, Psychologie der Relationserfassung und des Vergleichens. Leipzig 1924. 114 S. — **66.** *Katz, D.*, Die Erscheinungsweisen der Farben und ihre Beeinflussung durch die individuelle Erfahrung. Leipzig 1911. 425 S. — **67.** *Katz, D.*, Der Aufbau der Tastwelt. Leipzig 1925. 270 S. — **68.** *Kehr, Th.*, Allgemeines zur Theorie der Perzeption der Bewegung. Arch. f. Psychol. **34**, 106—120 (1915). — **69.** *Kelchner, M.*, Zur Frage einer Psychologie des Lebens. Arch. f. Psychol. **55**, 361—380 (1926). — **70.** *Kirschmann, A.*, Psychologische Optik. Handbuch der biologischen Arbeitsmethoden. Bd. 6, A, S. 837—1122 (1927). — **71.** *Klages, L.*, Ausdrucksbewegung und Gestaltungskraft. 4. Aufl. Leipzig 1923. 205 S. — **72.** *Klemm, O.*, Sinnestäuschungen. Leipzig 1919. 107 S. — **73.** *Klemm, O.*, Wahrnehmungsanalyse. Handbuch der biologischen Arbeitsmethoden. Bd. 6, B, S. 1—106. — **74.** *Kleint, H.*, Die psychischen Formen. Bemerkungen zur Theorie und Einteilung der psychischen Erscheinungen. Arch. f. Psychol. **54**, 469—517 (1926). — **75.** *Koffka, K.*, Zur Grundlegung der Wahrnehmungspsychologie. Eine Auseinandersetzung mit V. Benussi. Z. Psychol. **73**, 11—90 (1915). — **76.** *Koffka, K.*, Probleme der experimentellen Psychologie. I. Unterschiedsschwelle. Naturwiss. **5**, 1—5, 23—28 (1917). — **77.** *Koffka, K.*, Zur Theorie einfachster gesehener Bewegungen. Ein physiologisch-mathematischer Versuch. Z. Psychol. **82**, 257—292 (1919). — **78.** *Koffka, K.*, Die Grundlagen der psychischen Entwicklung. Einführung in die Kinderpsychologie. Osterwieck a. H.: A. W. Zickfeldt 1921. — **79.** *Koffka, K.*, Zur Theorie der Erlebniswahrnehmung. Ann. de Philos. **3**, 375—399 (1922). — **80.** *Koffka, K.*, Perception: an introduction to the Gestalttheorie. Psychol. Bull. **19**, 531—585 (1922). — **81.** *Koffka, K.*, Introspection and the Method of Psychology. Brit. J. Psychol. **15**, 149—161 (1924). — **82.** *Koffka, K.*, Théorie de la forme et psychologie de l'enfant. J. de Psychol. **21**, 102—111 (1924). — **83.** *Koffka, K.*, Psychologie. In: Die Philosophie in ihren Einzelgebieten. S. 493—603. Herausgeg. von M. Dessoir, Berlin 1925. — **84.** *Koffka, K.*, Psychologie der Wahrnehmung. Ber. 8. internat. Kongr. Psychol. Groningen **1926**, 159—166. — **85.** *Köhler, W.*, Über unbemerkte Empfindungen und Urteilstäuschungen. Z. Psychol. **66**, 51—80 (1913). — **86.** *Köhler, W.*, Die physischen Gestalten in Ruhe und stationärem Zustand. Braunschweig 1920. — 87. *Köhler, W.*, Intelligenzprüfungen an Menschenaffen. 2. Aufl. Berlin 1921. 194 S. — 88. *Köhler, W.*, Zur Theorie des Sukzessivvergleiches und der Zeitfehler. Psychol. Forschg 4, 115—175 (1923). — 89. *Köhler, W.*, Zur Theorie der stroboskopischen Bewegung. Psychol. Forschg 3, 397—406 (1923). — 90. *Köhler, W.*, Tonpsychologie. Handbuch der Neurologie des Ohres. Bd. 1, S. 419—464. Berlin: Urban und Schwarzenberg 1923. — 91. *Köhler, W.*, The problem of form in perception. 7. internat. Kongr. Oxford. Brit. J. Psychol. 14, 262—268 (1924). — 92. *Köhler, W.*, Komplextheorie und Gestalttheorie. Antwort auf G. E. Müllers Schrift gleichen Namens. Psychol. Forschg 6, 358—416 (1925). — 93. *Köhler, W.*, Gestaltprobleme und Anfänge einer Gestalttheorie. Jber. Physiol. 3, 512—539 (1922). — 94. *Köhler, W.*, An aspect of Gestalt-Psychology. Ped. Sem. 33, 691—723 (1926). — 95. *Köhler, W.*, Zur Komplextheorie. Psychol. Forschg 8, 236—243 (1926). — 96. *Kreibig, J. K.*, Die intellektuellen Funktionen. Leipzig 1909. 319 S. — 97. *Kries, J. v.*, Über die materiellen Grundlagen der Bewusstseinserscheinungen. Freiburg i. B. 1898. — 98. *Kries, J. v.*, Wer ist musikalisch? Gedanken zur Psychologie der Tonkunst. Berlin: Julius Springer 1926. 154 S. — 99. *Krötzsch, W.*, Rhythmus und freie Form in der Kinderzeichnung. Leipzig 1917. 133 S. — 100. *Krueger, F.*, Zur Theorie der Kombinationstöne. Philos. Stud. 17, 185—310 (1901). — 101. *Krueger, F.*, Differenztöne und Konsonanz. Arch. f. Psychol. 1, 205 bis 257; 2, 1—80 (1903). — 102. *Krueger, F.*, Theorie der Konsonanz. I. Psychol. Stud. 1, 305—387 (1906); II. 2, 205—255 (1906); III. 4, 201—282 (1908); IV. 5, 299—411 (1910). — 103. *Krueger, F.*, Über Entwicklungspsychologie. Arb. Entw.psychol. 1, 1—232 (1915). — 104. *Krueger, F.*, Über sprachliche Dissimilation und Assimilation. Ber. 7. psychol. Kongr. Marburg 1922, 142. — 105. *Krueger, F.*, Der Strukturbegriff in der Psychologie. Ber. 8. psychol. Kongr. Leipzig 1924, 31—55. — 106. *Krueger, F.*, Über psychische Ganzheit. Neue psychol. Stud. 1, 1—123 (1926).

107. *Lindworsky, J.*, Revision einer Relationstheorie. Arch. f. Psychol. 48, 248—289 (1924). — 108. *Lindworsky, J.*, Theoretische Psychologie im Umriss. Leipzig 1926. 103 S. — 109. *Linke, P. F.*, Grundfragen der Wahrnehmungslehre (1918). 2. Aufl. mit einem Nachwort: Gegenstandsphänomenologie und Gestalttheorie. München 1929. — 110. *Lipmann, O.*, Bemerkungen zur Gestalttheorie. Arch. f. Psychol. 44, 371—378 (1923). — 111. *Lipps, Th.*, Die geometrisch-optischen Täuschungen. Z. Psychol. 12, 39—59 (1895). — 112. *Lipps, Th.*, Raumästhetik und geometrisch-optische Täuschungen. Ber. Ges. psychol. Forschg Leipzig 1897, 2. 424 S. — 113. *Lipps, Th.*, Raumästhetik und geometrisch-optische Täuschungen. Z. Psychol. 18, 405—441 (1898). — 114. *Lipps, Th.*, Tonverwandtschaft und Tonverschmelzung. Z. Psychol. 19, 1—40 (1899). — 115. *Lipps, Th.*, Zu den „Gestaltungsqualitäten". Z. Psychol. 22, 333—385 (1900). — 116. *Lipps, Th.*, Zur Theorie der Melodie. Z. Psychol. 27, 225—263 (1902). — 117. *Lipps, Th.*, Einheiten und Relationen. Leipzig 1902. 106 S. — 118. *Lipps, Th.*, Zur Verständigung über die geometrisch-optischen Täuschungen. Z. Psychol. 38, 241—258 (1905). — 119. *Lipps, Th.*, Leitfaden der Psychologie. 2. Aufl. Leipzig 1906. 360 S. — 120. *Luquet, G. H.*, Genèse de l'act figuré. I. La phase préliminaire du dessin enfantin. II. Les origines de l'art figuré paléolithique. J. de Psychol. 19, 695—719 u. 795—831 (1922).

121. *Mach, E.*, Die Analyse der Empfindungen (1885). 6. Aufl. Jena 1911. 323 S. — 122. *Mally, E.*, Abstraktion und Ähnlichkeits-Erkenntnis. Arch. syst. Philos. 6, 291—310 (1900). — 123. *Marty, A.*, Untersuchungen zur Grundlegung der allgemeinen Grammatik und Sprachphilosophie. Halle 1908. 764 S. — 124. *Matthaei, R.*, Der Begriff der Gestalt und seine biologische Bedeutung. Natur u. Mus. 57, 27—39 (Frankfurt 1927). — 125. *Matthaei, R.*, Topographische Physiologie des Rückenmarkes. Handbuch der norm. und pathol. Physiologie. Bd. 10, S. 131—167. 1928. — 126. *Matthaei, R.*, Was kann eine wissenschaftliche Farbenlehre für das farbige Bauen leisten? Die Farbige Stadt. S. 186—188. Hamburg 1928. — 127. *Matthaei, R.*, Die Verrichtungen der Farbe im Dienste der Kunst. Die Farbige Stadt. S. 47—49. Hamburg 1929. — 128. *Matthaei, R.*, Über die Methode der Biologie. Natur u. Mus. 59, 321—335 (Frankfurt 1929). — 129. *Meinong, A.*, Zur Psychologie der Komplexionen und Relationen. Z. Psychol. 2, 245—265 (1891). — 130. *Meinong, A.*, Beiträge zur Theorie der psychischen Analyse. Z. Psychol. 6, 340—385 u. 417—455 (1894). — 131. *Meinong, A.*, Über die Gegenstände höherer Ordnung und deren Verhältnis zur inneren Wahrnehmung.

Z. Psychol. **21**, 182—272 (1899). — 132. *Meinong, A.*, Abstrahieren und Vergleichen. Z. Psychol. **24**, 34—82 (1900). — 133. *Meinong, A.*, Gesammelte Abhandlungen. Bd. 2. Leipzig 1913/14. — 134. *Messer, A.*, Husserl's Phänomenologie in ihrem Verhältnis zur Psychologie. Arch. f. Psychol. **22**, 117—129 (1911); **32**, 52—67 (1914). — 135. *Messer, A.*, Über den Begriff des Aktes. Arch. f. Psychol. **24**, 245—275 (1912). — 136. *Messer, A.*, Zwei Grundrichtungen der Psychologie. Arch. f. Psychol. **55**, 27—36 (1926). — 137. *Meumann, E.*, Untersuchungen zur Psychologie und Ästhetik des Rhythmus. Philos. Stud. **10**, 249—322 u. 393—430 (1894). — 138. *Meyer, M.*, Über Beurteilung zusammengesetzter Klänge. Z. Psychol. **20**, 13—64 (1899). — 139. *Meyer, S.*, Die Lehre von den Bewegungsvorstellungen. Z. Psychol. **65**, 40—99 (1913). — 140. *Michotte, A.*, Sur la perception des formes. Ber. 8. internat. Kongr. Psychol. Groningen **1926**, 166—175. — 141. *Moore, H. T.*, The Genetic Aspect of Consonance and Dissonance. Psychologic. Monogr. **17**, Nr 73 (1914). — 142. *Müller, G. E.*, Komplextheorie und Gestalttheorie. Ein Beitrag zur Wahrnehmungspsychologie. Göttingen 1923. 108 S. — 143. *Müller, G. E.*, Bemerkungen zu Köhlers Artikel „Komplextheorie und Gestalttheorie". Z. Psychol. **99**, 1—15 (1926). — 144. *Müller, G. E.*, Zur Analyse der Gedächtnistätigkeit und des Vorstellungsverlaufes. Leipzig I. 1911. 403 S.; II. 1917. 628 S.; III. 1924. 570 S. (Z. Psychol. Ergbde. **5**, **9**, **8**). — 145. *Müller-Lyer*, Über Kontrast und Konfluxion. Z. Psychol. **9**, 1—16 (1895); **10**, 421—431 (1896).

146. *Nadel, S. F.*, Zur Psychologie des Konsonanzerlebens. Z. Psychol. **101**, 33—158 (1927).

147. *Pillsbury, W. B.*, Gestalt v/s concept as a principle of explanation in psychology. J. abnorm. a. soc. Psychol. **21**, 14—18 (1926). — 148. *Poppelreuter, W.*, Zur Psychologie und Pathologie der optischen Wahrnehmung. Z. Neur. **83**, 26 (1923).

149. *Ranulf, S.*, Der eleatische Satz vom Widerspruch. Diss. Kopenhagen 1924. 222 S. — 150. *Révész, G.*, Zur Grundlegung der Tonpsychologie. Leipzig 1913. 148 S. — 151. *Révész, G.*, Zur Geschichte der Zweikomponentenlehre in der Tonpsychologie. Z. Psychol. **99**, 325—357 (1926). — 152. *Révész, G.*, Taktile Gegenstandswahrnehmung und Gestaltbildung. Ber. 8. internat. Kongr. Psychol. Groningen **1926**, 384—393. — 153. *Rubin, E.*, Visuell wahrgenommene Figuren. Kopenhagen 1921. — 154. *Rubin, E.*, Zur Psychophysik der Geradheit. Z. Psychol. **90**, 67—105 (1922). — 155. *Rubin, E.*, Über Gestaltwahrnehmung. Ber. 8. internat. Kongr. Psychol. Groningen **1926**, 175—183. — 156. *Ruckmich, Ch. A.*, A Bibliography of rhythm. Amer. J. Psychol. **24**, 508—519 (1913); **26**, 457—459 (1915); **35**, 407—413 (1924).

157. *Sander, F.*, Arbeitsbewegungen. In: Arbeitskunde. S. 200—208. Herausgeg. von Riedel, Leipzig 1925. — 158. *Sander, F.*, Optische Täuschungen und Psychologie. Neue psychol. Stud. **1**, 159—167 (1926). — 159. *Sander, F.*, Über Gestaltqualitäten. Ber. 8. internat. Kongr. Psychol. Groningen **1927**, 183—190. — 160. *Sander, F.*, Experimentelle Ergebnisse der Gestaltpsychologie. Ber. 10. Kongr. exper. Psychol. Bonn **1927**, 23—88. Jena 1928. — 161. *Schapp, W.*, Phänomenologie der Wahrnehmung. Erlangen 1925. 125 S. — 162. *Scheler, M.*, Wesen und Formen der Sympathie. 3. Aufl. Bonn 1926. — 163. *Scholl, R.*, Zur Theorie und Typologie der teilinhaltlichen Beachtung von Form und Farbe (Herausgeber O. Kroh). Z. Psychol. **101**, 281—320 (1927). — 164. *Schultze, F. E. O.*, Einige Hauptgesichtspunkte der Beschreibung in der Elemtarpsychologie. I. Erscheinungen und Gedanken. II. Über Wirkungsakzente. Arch. f. Psychol. **8**, 241 u. 339—384 (1906). — 165. *Schwarz, O.*, Psychogenese und Psychotherapie körperlicher Symptome. Wien 1925. (Darin die Beiträge von Schwarz 1—29 und Schilder 30—69.) — 166. *Seifert, F.*, Zur Psychologie der Abstraktion und Gestaltauffassung. Z. Psychol. **78**, 55—145 (1917). — 167. *Selz, O.*, Die Gesetze der produktiven Tätigkeit. Arch. f. Psychol. **27**, 367—380 (1913). — 168. *Selz, O.*, Über die Gesetze des geordneten Denkverlaufes I. Stuttgart 1913. 320 S. II. Bonn 1922. 688 S. — 169. *Selz, O.*, Zur Psychologie der Gegenwart. (Eine Anmerkung zu Koffkas Darstellung.) Z. Psychol. **99**, 160—196 (1926). — 170. *Spearman, C.*, The Nature of „Intelligence" and the Principes of Cognition. London 1923. 358 S. — 171. *Spearman, C.*, The new psychology of „shape". Brit. J. Psychol. **15**, 211—225 (1925). — 172. *Spearman, C.*, Two defects in the theory of „Gestalt". Ber. 8. internat. Kongr. Psychol. Groningen **1926**, 190—197. — 173. *Stumpf, C.*, Erscheinungen und psychische Funktionen. Abh. Akad. Wiss. Berlin **1906**. 40 S. — 174. *Stumpf, C.*, Konsonanz und Konkordanz. Z.

Psychol. 58, 321—355 (1910). — 175. *Stumpf, C.*, Über neuere Untersuchungen zur Tonlehre. Ber. 6. psychol. Kongr. Göttingen 1914, 305—344.

176. *Titchener, E. B.*, Functional Psychology and Psychology of Act. Amer. J. Psychol. 32, 519—542 (1921); 33, 43—83 (1922).

177. *Urban, G.*, La mélodie. J. de Psychol. 23, 198—210 (1926).

178. *Volkelt, H.*, Über Vorstellungen der Tiere. Diss. Leipzig 1912. 126 S. (Arb. Entw.-psychol. 1914, 1). — 179. *Volkelt, H.*, Primitive Komplexqualitäten in Kinderzeichnungen. Ber. 8. Kongr. Psychol. Leipzig. Jena 1924, 204—208. — 180. *Volkelt, H.*, Fortschritte der experimentellen Kinderpsychologie. Ber. 9. Kongr. exper. Psychol. München 1925, 81—137 (auch als Sonderdruck).

181. *Waschburn, M. F.*, Gestaltpsychologie and motor psychology. Amer. J. Psychol. 37, 516—520 (1926). — 182. *Watt, H. J.*, The Psychology of Visual Motion. Brit. J. Psychol. 6, 26—43 (1912). — 183. *Weinhandl, F.*, Zum Gestaltproblem bei Aristoteles, Kant und Goethe. Beitr. Philos. dtsch. Ideal. 4, 19—49 (1927). — 184. *Weinhandl, F.*, Die Gestaltanalyse. Erfurt 1927. 375 S. — 185. *Weinmann, F.*, Zur Struktur der Melodie. Z. Psychol. 35, 340—379, 401—453 (1904). — 186. *Weiss, P.*, Erregungsspezifität und Erregungsresonanz. Erg. Biol. 3, 1—151 (1928). — 187. *Weizsäcker, V. v.*, Einleitung zur Physiologie der Sinne. Handbuch der normalen und pathologischen Physiologie. Bd. 11, S. 1—67. Berlin 1926. — 188. *Welcke*, Einheit und Einheitlichkeit. Arch. f. Psychol. 13, 254—274 (1908). — 189. *Werner, H.*, Die Ursprünge der Metapher. Leipzig 1919. 238 S. Auch in Arb. Entw.psychol. 1, 3 (1919). — 190. *Werner, H.*, Über physiognomische Wahrnehmungsweisen und ihre experimentelle Prüfung. Ber. 8. internat. Kongr. Psychol. Groningen 1926, 443—447. — 191. *Werner, H.*, Entwicklungspsychologie. Leipzig: Joh. Ambrosius Barth 1926. 360 S. — 192. *Wertheimer, M.*, Über das Denken der Natur-völker. I. Zahlen und Zahlengebilde. Z. Psychol. 60, 321—378 (1912). — 193. *Wertheimer, M.*, Untersuchungen zur Lehre von der Gestalt. Psychol. Forschg 1, 47—58 (1922); 4, 301—350 (1923). — 194. *Wertheimer, M.*, Bemerkungen zu Hillebrandts Theorie der stroboskopischen Bewegungen. Psychol. Forschg 3, 106—123 (1923). — 195. *Wertheimer, M.*, Drei Abhandlungen zur Gestalttheorie. (Dies Verzeichnis Nr. 611; 192 und Über Schlussprozesse im produktiven Denken.) Erlangen 1925. 184 S. — 196. *Wertheimer, M.*, Über Gestalttheorie. Symposion, H. 1. Erlangen 1925. — 197. *Wertheimer, M.*, Zum Problem der Schwelle. Ber. 8. internat. Kongr. Psychol. Groningen 1926, 447. — 198. *Wertheimer, M.*, Gestaltpsychologische Forschung. (*Saupe*, Einführung in die neuere Psychologie. Osterwieck a. H.: A. W. Zickfeldt 1927.) — 199. *Wirth, W.*, Vorstellungs- und Gefühlskontrast. Z. Psychol. 18, 49—90 (1898). — 200. *Wirth, W.*, Zur Theorie des Bewusstseinsumfanges und seiner Messung. Philos. Stud. 20, 487—669 (1902). — 201. *Wirth, W.*, Experimentelle Analyse der Bewusstseinsphänomene. Braun-schweig 1908. 449 S. — 202. *Witasek, St.*, Beiträge zur Psychologie der Komplexionen. Z. Psychol. 14, 401—435 (1897). — 203. *Witasek, St.*, Über die Natur der geometrisch-optischen Täuschungen. Z. Psychol. 19, 81—174 (1899). — 204. *Witasek, St.*, Psychologie der Raum-wahrnehmung des Auges. (Die Psychologie in Einzeldarstellungen Bd. 2.) Heidelberg: C. Winter 1910. — 205. *Wittmann, J.*, Über das Sehen von Scheinbewegungen und Scheinkörpern. Bei-träge zur Grundlegung einer analytischen Psychologie. Leipzig: Joh. Ambrosius Barth 1921. — 206. *Wundt, W.*, Die geometrisch-optischen Täuschungen. Abh. sächs. Ges. Wiss. 24, 178 (1898).

207. *Ziehen, Th.*, Die Auffassung der psychischen Strukturen vom Standpunkt der Assoziationspsychologie. Z. Psychol. 97, 127—144 (1925).

## B. Experimentell.

208. *Aall, A.*, Zur Frage der Hemmung bei der Auffassung gleicher Reize. Z. Psychol. 47, 1—114 (1908). — 209. *Abraham, O.*, Tonometrische Untersuchungen an einem deutschen Volkslied. Psychol. Forschg 4, 1—22 (1923). — 210. *Abraham, O.* und *E. M. v. Hornbostel*, Zur Psychologie der Tondistanz. Z. Psychol. 98, 233—272 (1926). — 211. *Abraham, O.* und *K. L. Schaefer*, Über die maximale Geschwindigkeit von Tonfolgen. Z. Psychol. 20, 408—416 (1899). — 212. *Ach, N.*, Über die Begriffsbildung. Eine experimentelle Untersuchung. Bamberg

1921. 343 S. — 213. *Ackermann, A.*, Farbschwelle und Feldstruktur. Psychol. Forschg 5, 44—84 (1924). — 214. *Albien, G.*, Der Anteil der nachkonstruierenden Tätigkeit des Auges und der Apperzeption an dem Behalten und der Wiedergabe einfacher Formen. Z. pädag. Psychol. 5, 133—156 (1907); 6, 1—32 (1908). — 215. *Angier, R. P.*, Über den Einfluß des Helligkeitskontrastes auf Farbenschwellen. Z. Sinnesphysiol. 41, 353—363 (1907). — 216. *Anschütz, G.*, Untersuchungen über komplexe musikalische Synopsie. Arch. f. Psychol. 54, 129—274 (1926). — 217. *Arps, G. F.* und *O. Klemm*, Der Verlauf der Aufmerksamkeit bei rhythmischen Reizen. Psychol. Stud. 4, 505—529 (1909). — 218. *Aster, E. v.*, Beiträge zur Psychologie der Raumwahrnehmung. Z. Psychol. 43, 161—240 (1906).

219. *Baley, St.*, Über den Zusammenklang einer größeren Zahl wenig verschiedener Töne. Z. Psychol. 67, 261—276 (1913). — 220. *Bardorff, W.*, Untersuchungen über räumliche Angleichungserscheinungen. Z. Psychol. 95, 181 (1924). — 221. *Bates, M.*, A study of the Müller-Lyer illusion, with special reference to paradoxical movement and the effect of attitude. Amer. J. Psychol. 34, 46—72 (1923). — 222. *Becher, E.*, Experimentelle und kritische Beiträge zur Psychologie des Lesens bei kurzen Expositionszeiten. Z. Psychol. 36, 19—73 (1904). — 223. *Becher E.*, Über umkehrbare Zeichnungen. Arch. f. Psychol. 16, 397—417 (1910). — 224. *Belaiew-Exemplarsky, S.* und *B. Jaworsky*, Die Wirkung des Tonkomplexes bei melodischer Gestaltung. Arch. f. Psychol. 57, 489—522 (1926). — 225. *Benary, W.*, Studien zur Untersuchung der Intelliganz bei einem Fall von Seelenblindheit. Psychol. Forschg 2, 209—297 (1922). — 226. *Benary, W.*, Beobachtungen zu einem Experiment über Helligkeitskontrast. Psychol. Forschg 5, 131—218 (1924). — 227. *Benussi, V.*, Über den Einfluss der Farbe auf die Grösse der Zöllnerschen Täuschung. Z. Psychol. 29, 264—351 und 385—433 (1902). — 228. *Benussi, V.*, Experimentelles über Vorstellungsinadäquatheit. Z. Psychol. 42, 22 bis 55 (1906). — 229. *Benussi, V.*, Experimentelles über Vorstellungsinadäquatheit. Z. Psychol. 45, 188—230 (1907). — 230. *Benussi, V.*, Zur experimentellen Analyse des Zeitvergleiches. Zeitgrössen und Betonungsgestalt. Arch. f. Psychol. 9, 366—449 (1907). — 231. *Benussi, V.*, Über „Aufmerksamkeitsrichtung" beim Raum- und Zeitvergleich. Z. Psychol. 51, 73 bis 107 (1909). — 232. *Benussi, V.*, Über die Motive der Scheinkörperlichkeit bei umkehrbaren Zeichnungen. Arch. f. Psychol. 20, 363—396 (1911). — 233. *Benussi, V.*, Stroboskopische Scheinbewegungen und geometrisch-optische Gestalttäuschungen. Arch. f. Psychol. 24, 31—62 (1912). — 234. *Benussi, V.*, Kinematohaptische Erscheinungen. (Vorläufige Mitteilung über Scheinbewegungsauffassung auf Grund haptischer Eindrücke.) Arch. f. Psychol. 29, 385—398 (1913). — 235. *Benussi, V.*, Psychologie der Zeitauffassung. Heidelberg 1913. — 236. *Benussi, V.*, Die Gestaltwahrnehmungen. Arch. f. Psychol. 69, 256—292 (1914). — 237. *Benussi, V.*, Kinematohaptische Scheinbewegungen und Auffassungsformungen. Ber. 6. Kongr. exper. Psychol. Göttingen 1914, 30—35. — 238. *Benussi, V.*, Versuche zur Bestimmung der Gestaltzeit. Ber. 6. Kongr. exper. Psychol. Göttingen 1914, 71—73. — 239. *Benussi, V.*, Versuche zur Analyse taktil erweckter Scheinbewegungen (kinetomatohaptische Erscheinungen) nach ihren äusseren Bedingungen und ihren Beziehungen zu den parallelen optischen Phänomenen. Arch. f. Psychol. 36, 59—135 (1917). — 240. *Benussi, V.*, Über Scheinbewegungskombination (Lissajonssche S-, M- und E-Scheinbewegungen). Arch. f. Psychol. 37, 233—282 (1918). — 241. *Bergmann, W.*, Versuche über die Entwicklung des visuellen Gedächtsnisses bei Schülern. Z. Psychol. 98, 206—232 (1926). — 242. *Berliner, A.*, Geometrisch-ästhetische Untersuchungen mit Japanern und an japanischem Material. Arch. f. Psychol. 49, 433—442 (1924). — 243. *Beyrl, F.*, Über die Grössenauffassung bei Kindern. Z. Psychol. 100, 344—371 (1926). — 244. *Biemüller, W.*, Wiedergabe der Gliederanzahl und Gliederungsformen optischer Komplexe. Neue psychol. Stud. 4 (im Druck). — 245. *Bihler, W.*, Beiträge zur Lehre vom Augenmass für Winkel. Diss. Freiburg 1896. — 246. *Binet, A.*, La mesure des illusions visuelles chez les enfants. Rev. de Philos. 1895. — 247. *Bingham, H. C.*, Visual perception of the chick. Behav. Monogr. 4 (1922). 104 S. — 248. *Binnefeld, M.*, Experimentelle Untersuchungen über die Bedeutung der Bewegungsempfindungen des Auges bei Vergleichung von Streckengrössen im Hellen und im Dunkeln. Arch. f. Psychol. 37, 129—232 (1918). — 249. *Blachowski, St.*, Studien über den Binnenkontrast. Z. Sinnesphysiol. 47, 291—330 (1913). — 250. *Blachowski, St.*, Tachistoskopische Untersuchungen über den elementaren Wahrnehmungsvorgang bei Dunkeladaption. Z. Sinnesphysiol.

48, 325—353 (1914). — 251. *Blaskovics, L. v.*, Über die Verwendbarkeit von Buchstaben und Zahlen bei Sehschärfeuntersuchungen. Klin. Mbl. Augenheilk. **71**, 440—448 (1913). — 252. *Blumenfeld, W.*, Untersuchungen über die Formvisualität. Z. Psychol. **91**, 1—82 u. 236—320 (1923). — 253. *Bonaventura, E.*, La percesione visiva nel movi mento. Arch. ital. Psicol. **5**, 31—45 (1926). — 254. *Börnstein, W.*, Über den Geruchsinn. Dtsch. Z. Nervenheilk. **104**, 55—77 (1928). — 255. *Bose, S. K.* und *N. L. Kanji*, Perception of form by passive Touch. Indian. J. Psychol. **1**, 93—101 (1926). — 256. *Botti, L.*, Ein Beitrag zur Kenntnis der variablen geometrisch-optischen Streckentäuschungen. Arch. f. Psychol. **6**, 306—315 (1906). —257. *Bräuer, R.*, Rhythmische Studien. Arch. f. Psychol. **56**, 289—397 (1926). — 258. *Brehmer, F.*, Melodienauffassung und melodische Begabung des Kindes. Z. angew. Psychol. **1925**, Beih. 36, 180 S. — 259. *Brentano, F.*, Über ein optisches Paradoxon. Z. Psychol. **3**, 349—358 (1892); **5**, 61—87 (1893). — 260. *Brentano, F.*, Zur Lehre von den optischen Täuschungen. Z. Psychol. **6**, 1—7 (1894). — 261. *Buch, A.*, Zur Pathologie der Gestaltwahrnehmung an der Haut. Dtsch. Z. Nervenheilk. **95**, 169—172 (1926). — 262. *Buchholz, G.*, Über die Beeinflussung tachistoskopischer Auffassung durch vorangegangene Eindrücke. Psychol. Stud. **9**, 367—404 (1914). — 263. *Burkhardt, H.*, Veränderungen der Raumlage in Kinderzeichnungen. Z. pädag. Psychol. **26**, 352—371 (1925). — 264. *Burmester, E.*, Beitrag zur experimentellen Bestimmung geometrisch-optischer Täuschungen. Z. Psychol. **12**, 355—394 (1896). — 265. *Busemann, A.*, Lernen und Behalten. Z. angew. Psychol. **5**, 211—272 (1911).

266. *Carr, H.*, Space Illusions. Psychol. Bull. **9**, 257—260 (1912). — 267. *Cattell, J. M.*, Über die Zeit der Erkennung und Benennung von Schriftzeichen, Bildern und Farben. Philos. Stud. **2**, 635—651 (1885). — 268. *Cermak, P.* und *K. Koffka*, Untersuchungen über Bewegungs- und Verschmelzungsphänomene. Psychol. Forschg **1**, 66—129 (1922). — 269. *Charon, A.*, Rhythmus und rhythmische Einheit in der Musik. Arch. f. Psychol. **31**, 274—296 (1914). — 270. *Chinaglia, L.*, Über subjektive Ausfüllung von Raumteilen im Gebiete der Hautempfindungen. Arch. f. Psychol. **23**, 484—486 (1912). — 271. *Cohn, J.*, Experimentelle Untersuchungen über das Zusammenwirken des akustisch-motorischen und des visuellen Gedächtnisses. Z. Psychol. **15**, 161—184 (1897). — 272. *Cole, L. W.*, Lapses influenced by Similarity. Psychol. Rev. **32**, 216—223 (1925). — 273. *Cramer, Th.*, Über die Beziehung des Zwischenmediums zu den Transformations- und Kontrasterscheinungen. Z. Sinnesphysiol. **54**, 215—242 (1923).

274. *Desilva, H. R.*, An experimental investignation of the determinants of apparent visual movement. Amer. J. Psychol. **37**, 469—501 (1926). — 275. *Dickinson, C. A.*, Experience and visual perception. Amer. J. Psychol. **37**, 330—344 (1926). — 276. *Dimmik, F. L.*, An experimental Study of visual Movement and the $\varphi$-phenomenon. Amer. J. Psychol. **31**, 317—332 (1924). — 277. *Dimmik, F. L.*, The „visual perception" of movement vs. the „apprehension" of movement from visual stimuli. Amer. J. Psychol. **37**, 461—463 (1926). — 278. *Dittmers, Fr.*, Über die Abhängigkeit der Unterschiedsschwelle für Helligkeiten von der antagonistischen Induktion. Z. Sinnesphysiol. **51**, 214—232 (1920). — 279. *Dodd Cook H.*, Die taktile Schätzung von ausgefüllten und leeren Strecken. Arch. f. Psychol. **16**, 418—548 (1910). — 280. *Dodge, R.*, Eine experimentelle Studie der visuellen Fixation. Z. Psychol. **52**, 321—424 (1909). — 281. *Duerr, E.*, Über die stroboskopischen Erscheinungen. Philos. Stud. **15**, 501—523 (1900).

282. *Eberhardt, M.*, Über die phänomenale Höhe und Stärke von Teiltönen. Psychol. Forschg **2**, 346—367 (1922). — 283. *Eberhardt, M.*, Untersuchungen über Farbschwellen und Farbkontrast. Psychol. Forschg **5**, 85—130 (1924). — 284. *Eberhardt, K.*, Zwei Beiträge zur Psychologie des Rhythmus und des Tempo. Z. Psychol. **18**, 99—176 (1898). — 285. *Ehrenstein, W.*, Versuche über die Beziehung zwischen Bewegungs- und Gestaltwahrnehmung. Z. Psychol. **96**, 305—352; **97**, 162—173 (1925). — 286. *Ehrenstein, W.*, Versuche über bevorzugte Bedingungen der Eindringlichkeit bewegter optischer Reize. Psychol. Forschg **7**, 257—259 (1926). — 287. *Erdmann, B.* und *R. Dodge*, Psychologische Untersuchungen über das Lesen. Halle 1898. 360 S. — 288. *Erdmann, B.* und *R. Dodge*, Zur Erläuterung unserer tachistoskopischen Versuche. Z. Psychol. **22**, 241—320 (1900). — 289. *Exner, S.*, Notiz über die Nachbilder vorgetäuschter Bewegungen. Z. Psychol. **21**, 388—400 (1899).

290. *Faust, A.*, Versuche über Tonverschmelzung. Z. Psychol. **15**, 102—132 (1897). —

291. *Farnsworth, P. R.*, The effect of repetition on ending preferences in melodies. Amer. J. Psychol. **37**, 116—122 (1926). — 292. *Feuchtwanger, E.*, Zur pathologischen Psychologie des optischen Raum- und Gestalterfassens. Ber. 9. Kongr. exper. Psychol. München **1925**, 159—160. — 293. *Feinberg, N.*, Experimentelle Untersuchungen über die Wahrnehmung im Gebiet des blinden Fleckes. Psychol. Forschg 7, 16—43 (1926). — 294. *Fiedler, K.*, Das Schwarz-Weiss-Problem. Neue psychol. Stud. 2, 343—411 (1926). — 295. *Filehne, W.*, Über eine dem Brentano-Müller-Lyerschen Paradoxon analoge Täuschung im räumlichen Sehen. Arch. f. Physiol. **1911**, 273—286. — 296. *Fischel, H.*, Transformationserscheinungen bei Gewichtshebungen. Z. Psychol. **98**, 342—365 (1926). — 297. *Fischer, O.*, Psychologische Analyse der stroboskopischen Erscheinungen. Philos. Stud. **3**, 128—157 (1886). — 298. *Fitt, A. B.*, Grössenauffassung durch das Auge und den ruhenden Tastsinn. Arch. f. Psychol. **32**, 420—455 (1914). — 299. *Forel, E. L.*, Le rhythme. J. Psychol. u. Neurol. **26**, 1—109 (1920). — 300. *Frank, H.*, Über die Beeinflussung von Nachbildern durch die Gestalteigenschaften der Projektionsfläche. Psychol. Forschg 4, 33—41 (1923). — 301. *Frankl, W.*, Zur „generellen Urteilstendenz" bei Gewichtsversuchen. Z. Psychol. **28**, 1—8 (1902). — 302. *Freiling, H.*, Über die räumlichen Wahrnehmungen der Jugendlichen in der eidetischen Entwicklungsphase. (1. Über d. scheinb. Ort; 2. Grösse; 3. Gestalt.) Z. Sinnesphysiol. **55**, 69—132 (1923). — 303. *Frey, M. v.* und *R. Metzner*, Die Raumschwelle der Haut bei Sukzessivreizung. Z. Psychol. **29**, 161—182 (1902). — 304. *Friedländer, H.*, Über Gewichtstäuschungen. Z. Psychol. **84**, 258—291 (1920). — 305. *Frings, G.*, Über den Einfluss der Komplexbildung auf die effektionelle und generative Hemmung. Arch. f. Psychol. **30**, 415—479 (1913). — 306. *Fuchs, W.*, Untersuchungen über das Sehen der Hemianopiker und Hemiamblyopiker. I. Verlagerungserscheinungen. Z. Psychol. **84**, 67—169 (1920). II. Die totalisierende Gestaltauffassung. Z. Psychol. **86**, 1—143 (1920). III. Eine Pseudofovea bei Hemianopikern. Psychol. Forschg 1, 157—186 (1921). — 307. *Fuchs, W.*, Experimentelle Untersuchung über die Änderung von Farben unter dem Einfluss von Gestalten (Angleichungserscheinungen). Z. Psychol. **92**, 249—325 (1923). — 308. *Fuchs, W.*, Untersuchungen über das simultane Hintereinandersehen auf derselben Sehrichtung. Z. Psychol. **91**, 145—235 (1923). — 309. *Fuchs, W.*, Über Farbenänderungen unter dem Einfluss von Gestaltauffassungen. Ber. 7. Kongr. exper. Psychol. Marburg **1921**, 113—114.

310. *Garrison, W. A.*, The effect of varied instructions on the perception of distances in terms of arm movement. Amer. J. Psychol. **35**, 420—435 (1924). — 311. *Gatti, A.*, Di alcune nuove illusioni ottiche in rapporto alla percesione dei complessi rappresentativi. Arch. ital. Psicol. 4, 208—225 (1926). — 312. *Gatti, A.*, Über die Poggendorffsche Täuschung. Ber. 8. internation. Kongr. Psychol. Groningen **1927**, 272—273. — 313. *Gehrcke, E.* und *E. Lau*, Versuche über das Sehen von Bewegungen. Psychol. Forschg 3, 1—8 (1923). — 314. *Gelb, A.*, Versuche auf dem Gebiete der Zeit- und Raumanschauung. Ber. 6. Kongr. Psychol. Göttingen **1914**, 36—42. — 315. *Gelb, A.*, Über den Wegfall der Wahrnehmung von „Oberflächenfarben". Z. Psychol. **84**, 193—257 (1920). — 316. *Gelb, A.*, Grundfragen der Wahrnehmungspsychologie. Ber. 7. Kongr. exper. Psychol. Marburg **1921**, 114—126. — 317. *Gelb, A.*, Über eine eigenartige Sehstörung („Dysmorphopsie") infolge von Gesichtsfeldeinengung. Ein Beitrag zur Lehre von den Beziehungen zwischen „Gesichtsfeld" und „Sehen". Psychol. Forschg 4, 38—63 (1923). — 318. *Gelb, A.* und *R. Granit*, Die Bedeutung von Figur und Grund für die Farbenschwelle. Z. Psychol. **93**, 83—128 (1923). — 319. *Gelb* und *Goldstein*, Psychologische Analysen hirnpathologischer Fälle. I. *Gelb* und *Goldstein*, Z. Neurol. **41**, 1—142 (1918). — II. *Goldstein* und *Gelb*, Neur. Zbl. **37**, 738—748 (1918). — III. (II.) *Goldstein* und *Gelb*, Z. Psychol. **83**, 1—94 (1920). — IV. (III.) *Fuchs*, Z. Psychol. **84**, 67—192 (1920). — V. (IV.) *Gelb*, Z. Psychol. **84**, 193 bis 257 (1920). — VI. (V.) *Fuchs*, Z. Psychol. **86**, 1—143 (1921). — VII. *Gelb* und *Goldstein*, Arch. f. Ophthalm. **109**, 387—403 (1922). — VIII. *Benary*, Psychol. Forschg 2, 209—297 (1922). — IX. *Gelb*, Psychol. Forschg 4, 38—63 (1923). — X. *Gelb* und *Goldstein*, Psychol. Forschg 6, 127 bis 186 (1925). — XI. *Gelb* und *Goldstein*, Psychol. Forschg 6, 187—199 (1925). — XII. *Mäki*, Psychol. Forschg 10, 1—19 (1928). — (I.—VI. auch als Sonderausgabe Leipzig 1920.) — 320. *Gellhorn, E.* und *E. Wertheimer*, Über den Parallelitätseindruck. Pflügers Arch. **194**, 535—553 (1922). — 321. *Gellhorn, E.*, Quantitative Untersuchungen über den Wettstreit der Sehfelder. Pflügers Arch. **206**, 194—249 (1924). — 322. *Giering, H.*, Das Augenmass bei

Schulkindern. Z. Psychol. **39**, 42—87 (1905). — 323. *Giese, F.*, Untersuchungen über die Zöllnersche Täuschung. Psychol. Stud. **9**, 405—435 (1914). — 324. *Giese, F.*, Gestalt und Rhythmus in der gymnastischen Körperkultur. Erg. Med. **9**, 539—576 (1927). — 325. *Goldschmidt, R. H.*, Beobachtungen über exemplarische subjektive optische Phänomene. Z. Psychol. **76**, 289—436 (1916). — 326. *Goldschmidt, R. H.*, Grössenschwankungen gestaltfester, urbildverwandter Nachbilder und der Emmertsche Satz. Arch. f. Psychol. **44**, 51—131 (1923). — 327. *Goldstein, K.*, Über den Einfluss unbewusster Bewegungen respektive Tendenzen zu Bewegungen auf die taktile und optische Raumwahrnehmung. Klin. Wschr. **1925**, 294—299. — 328. *Goldstein, K.*, Über den Einfluß motorischer Störungen auf die Psyche. Z. Psychiatr. **82**, 164—177 (1925). — 329. *Goldstein, K.* und *A. Gelb*, Psychologie des optischen Wahrnehmungs- und Erkennungsvorganges. Z. Neur. **41**, 1—142 (1918). — 330. *Gottschaldt, K.*, Über den Einfluss der Erfahrung auf die Wahrnehmung von Figuren. I. Über den Einfluss gehäufter Einprägung von Figuren auf die Sichtbarkeit in umfassenden Konfigurationen. Psychol. Forschg **8**, 261—317 (1926). — 331. *Granit, R.*, Die Bedeutung von Figur und Grund bei unveränderter Schwarzinduktion für bestimmte Helligkeitsschwellen. Skand. Arch. Physiol. (Berl. u. Lpz.) **45**, 43 bis 57 (1924). — 332. *Granit, R.*, Farbentransformation und Farbenkontrast. Skand. Arch. Physiol. (Berl. u. Lpz.) **48**, 147—225 (1926). — 333. *Grossart, F.*, Das tachistoskopische Verlesen unter besonderer Berücksichtigung des Einflusses von Gefühlen und der Frage des objektiven und subjektiven Typus. Arch. f. Psychol. **41**, 121—200 (1921). — 334. *Grünbaum, A.*, Über die Abstraktion der Gleichheit. Ein Beitrag zur Psychologie der Relation. Arch. f. Psychol. **12**, 340—478 (1908). — 335. *Guillaume, P.*, Le problème de la perception de l'espace et la psychologie de l'enfant. J. de Psychol. **21**, 112—134 (1924). — 336. *Guillery*, Über das Augenmass der seitlichen Netzhautteile. Z. Psychol. **10**, 83—98 (1896). — 337. *Guttmann, A.*, Blickrichtung und Grössenschätzung. Z. Psychol. **32**, 333—376 (1903).

338. *Haberlandt, L.*, Studien zur optischen Orientierung im Raume und zur Präzision der Erinnerung an Elemente derselben. Z. Sinnesphysiol. **44**, 231—253 (1910). — 339. *Hartgenbusch, H. G.*, Über die Messung von Wahrnehmungsbildern. Psychol. Forschg **8**, 28—74 (1926). — 340. *Hartmann, L.*, Neue Verschmelzungsprobleme. Psychol. Forschg **3**, 319—396 (1923). — 341. *Hasserodt, W.*, Gesichtspunkte zu einer experimentellen Analyse geometrisch-optischer Täuschungen. Arch. f. Psychol. **28**, 336—347 (1913). — 342. *Hegge, Th. S.*, Über Komplexbildung in verschiedenen Gebieten der Gedächtnistätigkeit. Z. Psychol. **93**, 319—359 (1923). — 343. *Heiss, A.*, Über das Isolieren von „Teilen" aus verschieden gegliederten optischen Komplexen durch Kinder und Jugendliche. Neue psychol. Stud. **4** (im Druck). — 344. *Heller, R.*, Untersuchung über die Gesamtform und ihre Bedeutung für das tachistoskopische Lesen im indirekten Sehen. Diss. Zürich 1911. — 345. *Hempstead, L.*, The perception of Visual Form. Amer. J. Psychol. **12**, 185—192 (1900). — 346. *Henning, H.*, Versuche über die Residuen. Z. Psychol. **78**, 198 (1917). — 347. *Henning, H.*, Ein optisches Hintereinander und Ineinander. Z. Psychol. **86**, 144—192 (1921). — 348. *Herrmann, F.*, Der Einfluss des Kontrastes auf den Sukzessivvergleich innerhalb eines festen Reizsystems bei Augenmaßversuchen. Arch. f. Psychol. **41**, 1—46 (1921). — 349. *Heymanns, G.*, Quantitative Untersuchungen über das optische Paradoxon. Z. Psychol. **9**, 221—255 (1895). — 350. *Heymans, G.*, Quantitative Untersuchungen über die Zöllnersche und Loebsche Täuschung. Z. Psychol. **14**, 101—196 (1897). — 351. *Higlinson, C. D.*, The visual apprehension of movement under succesive retinal excitations. Amer. J. Psychol. **37**, 63—115 (1926). — 352. *Higlinson, C. D.*, The visual perception of movement. Amer. J. Psychol. **37**, 629—631 (1926). — 353. *Hildebrandt, H.*, Experimentelle Untersuchungen über das Sehen bei nichtoptimaler Akkommodation. Psychiol. Forschg **6**, 113—120 (1924). — 354. *Höfler, A.*, Krümmungskontrast. Z. Psychol. **10**, 99—106 (1916). — 355. *Hohenemser, R.*, Zur Theorie der Tonbeziehungen. Z. Psychol. **26**, 61—104 (1901). — 356. *Hohenemser, R.*, Die Quarte als Zusammenklang. Z. Psychol. **41**, 164—240 (1906). — 357. *Horbach, H.*, Bewegungsempfindungen und ihr Einfluss auf die Formerkenntnis und Orientierung bei Blindgeborenen und Früherblindeten. Leipzig: Karl Marhold 1925. 765 S. — 358. *Hornbostel, E. M. v.*, Über optische Inversion. Psychol. Forschg **1**, 130—156 (1922). — 359. *Hornbostel, E. M. v.*, Beobachtungen über ein- und zweiohriges Hören. Psychol. Forschg **4**, 64—114 (1923). — 360. *Huber, K.*, Der Ausdruck musikalischer Elementarmotive. Leipzig 1923. 234 S. —

361. *Hülser, C.*, Zeitauffassung und Zeitschätzung verschieden ausgefüllter Intervalle unter besonderer Berücksichtigung der Aufmerksamkeitsablenkung. Arch. f. Psychol. **49**, 363—378 (1924).

362. *Ipsen, G.*, Über individuelle Unterschiede bei der Gestaltauffassung. Ber. 8. Kongr. Psychol. Leipzig, Jena **1924**. — 363. *Ipsen, G.*, Über Gestaltauffassung (Erörterung des Sanderschen Parallelogramms). Neue psychol. Stud. **1**, 167—279 (1926).

364. *Jacobsohn, S.*, Über subjektive Mitten verschiedener Farben auf Grund ihres Kohärenzgrades. Z. Psychol. **43**, 40—95 u. 204—229 (1906). — 365. *Jacobsohn, S.*, Über die Erkennbarkeit optischer Figuren bei gleichem Netzhautbild und verschiedener scheinbarer Größe. Z. Psychol. **77**, 1—91 (1916). — 366. *Jaensch, E. R.*, Über die Beziehungen von Zeitschätzung und Bewegungsempfindung. Z. Psychol. **41**, 257—279 (1906). — 367. *Jaensch, E. R.*, Über Täuschungen des Tastsinnes. (Im Hinblick auf die geometrisch-optischen Täuschungen.) Z. Psychol. **41**, 280—294 u. 382—422 (1906). — 368. *Jaensch, E. R.*, Zur Analyse der Gesichtswahrnehmungen. Leipzig 1909. 388 S. Z. Psychol. Erg.-Bd. **4**. — 369. *Jaensch, E. R.*, Über die Wahrnehmung des Raumes. Leipzig 1911. 488 S. Z. Psychol. Erg.-Bd. **6**. — 370. *Jaensch, E. R.*, Über den Farbenkontrast und die sog. Berücksichtigung der farbigen Beleuchtung. Z. Sinnesphysiol. **52**, 165—180 (1921). — 371. *Jaensch, E. R.*, Einige allgemeine Fragen der Psychologie und Biologie des Denkens, erläutert an der Lehre vom Vergleich. Z. Psychol. **89**, 313—357 (1922). — 372. *Jaensch, E. R.*, Über den Aufbau der Wahrnehmungswelt und ihre Struktur im Jugendalter. V. Über Raumverlagerung und die Beziehung von Raumwahrnehmung und Handeln. Z. Psychol. **89**, 116—208 (1922). — 373. *Jaensch, E. R.*, Über psychische Selektion. (Über die Vorstellungswelt der Jugendlichen und den Aufbau des intellektuellen Lebens. VI.) Z. Psychol. **98**, 129—205 (1926). — 374. *Jaensch, E. R., H. U. Freiling* und *F. Reich*, Das Kovariantenphänomen, mit Bezug auf die allgemeinen Struktur- und Entwicklungsfragen der räumlichen Wahrnehmungen. Z. Sinnesphysiol. **55**, 47—68 (1923). — 375. *Jaensch, E. R.* und *W. Schoenheinz*, Einige allgemeinere Fragen der Wahrnehmungslehre, erläutert am Problem der Sehgrösse. (Nach Untersuchungen über Mikroskopie beim Rollettschen Konvergenzplattenversuch.) Arch. f. Psychol. **46**, 3—60 (1924). — 376. *James, H. E. O.*, Regularity and rhythmicalness. Brit. J. Psychol. (gen. Sect.) **17**, 1—9 (1926). — 377. *Judd, Ch. H.*, Über Raumwahrnehmungen im Gebiete des Tastsinnes. Philos. Stud. **12**, 409—463 (1896). — 378. *Juhasz, A.*, Zur Analyse des musikalischen Wiedererkennens. Z. Psychol. **95**, 142—180 (1924). — 379. *Juhasz, A.* und *S. Katona*, Experimentelle Beiträge zum Problem der geometrisch-optischen Täuschungen an Linienfiguren. Z. Psychol. **97**, 252—304 (1925).

380. *Karpinska, L. v.*, Experimentelle Beiträge zur Analyse der Tiefenwahrnehmung. Z. Psychol. **57**, 1—88 (1910). — 381. *Katona, G.*, Experimentelle Untersuchungen über simultane und sukzessive Gesichtswahrnehmungen. Psychol. Forschg **7**, 226—290 (1926). — 382. *Katz, D.*, Über individuelle Verschiedenheiten bei der Auffassung von Figuren. (Ein kasuistischer Beitrag zur Individualpsychologie.) Z. Psychol. **65**, 161—180 (1913). — 383. *Kemp, W.*, Methodisches und Experimentelles zur Lehre von der Tonverschmelzung. Arch. f. Psychol. **29**, 139—257 (1913). — 384. *Kenkel, F.*, Untersuchungen über den Zusammenhang zwischen Erscheinungsgrösse und Erscheinungsbewegung bei einigen sog. optischen Täuschungen. Z. Psychol. **67**, 358—449 (1913). — 385. *Kerstan, J. O.*, Vergleichung wagrechter Strecken durch Kinder. Pädag.-psychol. Arb. Inst. Lpz. Lehrerver. **6** (1915). — 386. *Kester, P.*, Über Lokalisations- und Bewegungserscheinungen bei Geräuschpaaren. Psychol. Forschg **8**, 75—113 (1926). — 387. *Kiesow, F.*, Über einige geometrisch-optische Täuschungen. Arch. f. Psychol. **6**, 289—305 (1906). — 388. *Kiesow, F.*, Di un illusione ottica-geometrica. Arch. ital. Psicol. **3**, 180—184 (1924). — 389. *Kirschmann, A.*, Über die quantitativen Verhältnisse des simultanen Helligkeits- und Farbenkontrastes. Philos. Stud. **6**, 417—493 (1891). — 390. *Kirschmann, A.*, Über die Erkennbarkeit geometrischer Figuren und Schriftzeichen im indirekten Sehen. Arch. f. Psychol. **13**, 352—388 (1908). — 391. *Kirschmann, A.*, Über die Verschmelzung beim binokularen und stereoskopischen Sehen. Psychol. Stud. **10**, 237—265 (1917). — 392. *Kleint, H.*, Über den Einfluss der Einstellung auf die Wahrnehmung. Arch. f. Psychol. **51**, 337—398 (1925). — 393. *Koffka, K.*, Experimental-Untersuchungen zur Lehre vom Rhythmus. Z. Psychol. **52**, 1—109 (1909). — 394. *Koffka, K.*, Über die Messung der Grösse von Nachbildern. Psychol.

Forschg **3**, 219—230 (1923). — 395. *Koffka, K.*, Über Feldbegrenzung und Felderfüllung. Psychol. Forschg **4**, 176—203 (1923). — 396. *Koffka, K.*, The perception of movement in the region of the blind spot. Brit. J. Psychol. **14**, 269—273 (1924). — 397. *Koffka, K.*, New Experiments in the perception of movement. 7. internat. Congr. Psychol. **1923**. — 398. *Koffka, K.*, Über das Sehen von Bewegung. Bemerkungen zu der Arbeit von *Higginson*. Psychol. Forschg **8**, 222—235 (1926). — 399. *Koffka, K.*, Beiträge zur Psychologie der Gestalt: Einleitung. *Koffka*, Z. Psychol. **67**, 353—357 (1913). — I. *Kenkel*, Z. Psychol. **67**, 358—449 (1913). — II. *Korte*, Z. Psychol. **72**, 193—296 (1915). — III. *Koffka*, Z. Psychol. **73**, 11—90 (1915). — IV. *Koffka*, Z. Psychol. **82**, 257—292 (1919). — V. *Cermak* und *Koffka*, Psychol. Forschg **1**, 66—129 (1922). — VI. *Wulf*, Psychol. Forschg **1**, 333—373 (1922). — VII. *Lindemann*, Psychol. Forschg **2**, 5—60 (1922). — VIII. *Hartmann*, Psychol. Forschg **3**, 319—396 (1923). — IX. *Ackermann*, Psychol. Forschg **5**, 44—84 (1924). — X. *Eberhardt*, Psychol. Forschg **5**, 85—130 (1924). — XI. *Stern*, Psychol. Forschg **7**, 1—15 (1926). — XII. *Feinberg*, Psychol. Forschg **7**, 16—43 (1926). — XIII. *Noll*, Psychol. Forschg **8**, 3—27 (1926). — XIV. *Hartgenbusch*, Psychol. Forschg **8**, 28—74 (1926). — XV. *Kester*, Psychol. Forschg **8**, 75—113 (1926). — XVI. *Tudor-Hart*, Psychol. Forschg **10**, 255—298 (1928). — XVII. *Mintz*, Psychol. Forschg **10**, 299—357 (1928). — (I.—IV. auch als Sonderausgabe. Leipzig 1919.) — 400. *Köhler, W.*, Akustische Untersuchungen. Z. Psychol. **54**, 241—289 (1910); **58**, 59—160 (1913); **64**, 92—160 (1913); **72**, 1—192 (1915). — 401. *Köhler, W.*, Optische Untersuchungen an Schimpansen und am Haushuhn. Abh. preuss. Akad. Wiss. Berlin **1915**, 3. — 402. *Köhler, W.*, Intelligenzprüfungen an Anthropoiden. I. Abh. preuss. Akad. Wiss. Berlin **1917**, 1. — 403. *Köhler, W.*, Nachweis einfacher Strukturfunktionen beim Schimpansen und beim Haushuhn. Abh. preuss. Akad. Wiss. Berlin **1918**, 2. — 404. *Köhler, W.*, Zur Psychologie des Schimpansen. Psychol. Forschg **1**, 2—46 (1922). — 405. *Kollarits, J.*, Über eine taktile und akustische Täuschung. Arch. f. Psychol. **37**, 403—404 (1918). — 406. *Köllner, H.*, Der blinde Fleck im binokularen Sehfelde. Arch. Augenheilk. **71**, 306—318 (1912). — 407. *Korte, A.*, Kinematoskopische Untersuchungen. Z. Psychol. **72**, 193—320 (1915). — 408. *Korte, W.*, Über die Gestaltauffassung im indirekten Sehen. Z. Psychol. **93**, 17—82 (1923). — 409. *Kramer, F.* und *G. Moskiewicz*, Beiträge zur Lehre von den Lage- und Bewegungsempfindungen. Z. Psychol. **25**, 101—160 (1901). — 410. *Kries, J. v.* und *W. A. Nagel*, Weitere Mitteilungen über die funktionelle Sonderstellung des Netzhautzentrums. Z. Psychol. **23**, 161—187 (1900). — 411. *Kries, J. v.*, Über die Wirkung kurz dauernder Reize auf das Sehorgan. Z. Psychol. **25**, 239—243 (1901). — 412. *Kroh, O.*, Über Farbenkonstanz und Farbentransformation. Z. Sinnesphysiol. **52**, 181—216 u. 235—273 (1921). — 413. *Kroh, O.*, Subjektive Anschauungsbilder bei Jugendlichen. Göttingen 1922. — 414. *Kroh, O.*, Vergleichende Untersuchungen zur Psychologie der optischen Wahrnehmungsvorgänge. Z. Psychol. **100**, 260 bis 273 (1926). — 415. *Krueger, F.*, Beobachtungen an Zweiklängen. Philos. Stud. **16**, 307 bis 380 u. 568—663 (1900). — 416. *Krueger, F.*, Consonance and Dissonance. J. of Philos., Psychol. Sc. Meth. **10**, 158—160 (1913). — 417. *Krüger, H.*, Über die Unterschiedsempfindlichkeit für Beleuchtungseindrücke. Z. Psychol. **96**, 58—67 (1925). — 418. *Kutzner, O.*, Kritische und experimentelle Beiträge zur Psychologie des Lesens mit besonderer Berücksichtigung des Problems der Gestaltqualität. Arch. f. Psychol. **35**, 157—251 (1916). — 419. *Knehl, A.*, Die Marskanäle als optische Täuschung. Dtsch. opt. Wschr. **10**, 569—600 (1924).

420. *Ladd-Franklin, Chr.* und *A. Guttmann*, Über das Sehen durch Schleier. Z. Psychol. **31**, 248—265 (1903). — 421. *Laserson, W.*, Kritik der hauptsächlichsten Theorien über den unmittelbaren Bewegungseindruck. Z. Psychol. **61**, 81—121 (1912). — 422. *Lau, E.*, Versuche über das stereoskopische Sehen. Psychol. Forschg **2**, 1—5 (1922). — 423. *Lau, E.*, Über das stereoskopische Sehen. Psychol. Forschg **6**, 121—126 (1924). — 424. *Laurens, H.*, Über die räumliche Unterscheidungsfähigkeit beim Dämmerungssehen. Z. Sinnesphysiol. **48**, 233—239 (1914). — 425. *Leeser, O.*, Über Linien- und Flächenvergleichung. Z. Psychol. **74**, 1—127 (1916). — 426. *Legowski, L. Wl.*, Beiträge zur experimentellen Ästhetik. Arch. f. Psychol. **12**, 236—311 (1908). — 427. *Lenk, E.*, Über die optische Auffassung geometrisch-regelmässiger Gestalten. Neue psychol. Stud. **1**, 573—613 (1926). — 428. *Lentz, A.*, Experimentelle Untersuchungen über die Bedeutung von Augenbewegungsempfindungen für die Schätzung des räumlichen Charakters von Bewegungsgrössen. Arch. f. Psychol. **48**, 432—469 (1924). —

429. *Lewin, K.*, Über die Umkehrung der Raumlage auf dem Kopf stehender Worte und Figuren in der Wahrnehmung. Psychol. Forschg 4, 210—261 (1923). — 430. *Lewin, K.*, Untersuchungen zur Handlungs- und Affektpsychologie. Psychol. Forschg 7, 294—329 u. 330—385 (1926). — 431. *Lewin, K. U.* und *K. Sukuma*, Die Sehrichtung monokularer und binokularer Objekte bei Bewegung und das Zustandekommen des Tiefeneffektes. Psychol. Forschg 6, 298—357 (1925). 432. *Liebenberg, R.*, Über das Schätzen von Mengen. Diss. Berlin 1914. 75 S. Auch Z. Psychol. 68, 321—395 (1914). — 433. *Liebermann, P. v.* und *G. Révész*, Über Orthosymphonie. Z. Psychol. 48, 259—385 (1908); 63, 286—325 (1913). — 434. *Lindemann, E.*, Experimentelle Untersuchungen über das Entstehen und Vergehen von Gestalten. Psychol. Forschg 2, 5—60 (1922). — 435. *Lindworsky, J.*, Zur Theorie des binokularen Einfachsehens und verwandter Erscheinungen. Z. Psychol. 94, 134—145 (1924). — 436. *Linke, P. E.*, Die stroboskopischen Täuschungen und das Problem des Sehens von Bewegungen. Psychol. Stud. 3, 393—545 (1907). — 437. *Linke, P. F.*, Das paradoxe Bewegungsphänomen und die „neue" Wahrnehmungslehre. Arch. f. Psychol. 33, 261—265 (1915). — 438. *Lippert, E.*, Über motorische Gestaltbildungen. Neue psychol. Stud. 4, 1—83 (1928). — 439. *Lipps, Th.*, Die Raumanschauung und die Augenbewegungen. Z. Psychol. 3, 123—172 (1892). — 440. *Lipps, Th.*, Bemerkungen zu Heymans Artikel „Quantitative Untersuchungen über die Zöllnersche und die Loebsche Täuschung". Z. Psychol. 15, 132—161 (1897). — 441. *Lipps, J. E.*, Die gleichzeitige Vergleichung zweier Strecken mit einer dritten nach dem Augenmass. (Zum Drei-Reiz-Problem in der Psychophysik.) Arch. f. Psychol. 40, 193—267 (1920). — 442. *Loeb, J.*, Über Kontrasterscheinungen im Gebiete der Raumempfindungen. Z. Psychol. 16, 299—320 (1898). — 443. *Lohmann, W.*, Über optische und haptische Raumdaten bei dem Studium der Lokalisation peripherer Eindrücke. Arch. f. Augenheilk. 90, 235—244 (1922). — 444. *Lohnert, K.*, Untersuchungen über die Auffassung von Rechtecken. Psychol. Stud. 9, 147—219 (1919). — 445. *Lorenz, C.*, Untersuchungen über die Auffassung von Tondistanzen. Philos. Stud. 6, 26—104 (1891). — 446. *Lorenz, J.*, Unterschiedsschwelle im Sehfelde bei wechselnder Aufmerksamkeitsverteilung. Arch. f. Psychol. 24, 313—342 (1912). — 447. *Lüdeke, D.*, Experimentelle Untersuchungen über das unmittelbare Behalten mit besonderer Berücksichtigung der Prozesse der Aufmerksamkeit und des Wiedererkennens. Arch. f. Psychol. 48, 213—247 (1924).

448. *Malzew, C. v.*, Das Erkennen sukzessiv gegebener musikalischer Intervalle in den äusseren Tonregionen. Z. Psychol. 64, 161—257 (1913). — 449. *Marbe, K.*, Zur Lehre von den Gesichtsempfindungen, welche aus sukzessiven Reizen resultieren. Philos. Stud. 9, 384—400 (1894). — 450. *Marbe, K.*, Die stroboskopischen Erscheinungen. Philos. Stud. 14, 376—401 (1898). — 451. *Marbe, K.*, Theorie der kinematographischen Projektionen. Leipzig 1910. 80 S. — 452. *Martin, L. J.*, Zur Lehre von den Bewegungsvorstellungen. Z. Psychol. 56, 401 bis 447 (1910). — 453. *Marzynski, G.*, Sehgrösse und Gesichtsfeld. Psychol. Forschg 1, 319 bis 322 (1922). — 454. *Matthaei, R.*, Gibt es eine Zuordnung zwischen Farbe und Form in der Baukunst? Ein Versuch. Die Farbige Stadt. S. 73—74. Hamburg 1927. — 455. *Matthaei, R.*, Die Verwandtschaft der Farben und ihre Bedeutung für farbiges Gestalten. Zugleich ein Versuch zu einem Grundgesetz der farbigen Gestaltung zu gelangen. Die Farbige Stadt. S. 216—220. Hamburg 1927. — 456. *Matthaei, R.*, Experimentelle Studien über die Attribute der Farben. I. Helligkeitsmessung. II. Systematik der Farbenhelligkeits- und Farbenharmonie. Z. Sinnesphysiol. 59, 257—355 (1928). — 457. *Meili, R.*, Experimentelle Untersuchungen über das Ordnen von Gegenständen. Psychol. Forschg 7, 155—193 (1926). — 458. *Meinong, A.* und *St. Witasek*, Zur experimentellen Bestimmung des Tonverschmelzungsgrades. Z. Psychol. 15, 186—206 (1897). — 459. *Meissner, H.*, Zur Entwicklung des musikalischen Sinnes beim Kinde während des schulpflichtigen Alters. Diss. Leipzig 1915. 62 S. (Die Stimme, Zbl. Stimm- u. Tonbildg 9. Berlin 1914.) — 460. *Metzger, W.*, Über die Vorstufen der Verschmelzung von Figurenreihen, die vor dem ruhenden Auge vorüberziehen. Psychol. Forschg 8, 114—222 (1926). — 461. *Meumann, E.*, Beiträge zur Psychologie des Zeitsinnes. Philos. Stud. 9, 264—306 (1894). — 462. *Meumann, E.*, Über einige optische Täuschungen. Arch. f. Psychol. 15, 401—408 (1909). 463. *Meyer, M.*, Über die Intensität der Einzeltöne zusammengesetzter Klänge. Z. Psychol. 17, 1—14 (1898). — 464. *Meyer, M.*, Über Tonverschmelzung und die Theorie der Konsonanz. Z. Psychol. 17, 401—421; 18, 274—293 (1898). — 465. *Meyer, P.*, Über die Reproduktion

eingeprägter Figuren und ihrer räumlichen Stellungen bei Kindern und Erwachsenen. Z. Psychol. **64**, 34—91 (1913). — 466. *Meyer, P.*, Weitere Versuche über die Reproduktion räumlicher Lagen früher wahrgenommener Figuren. Z. Psychol. **82**, 1—20 (1919). — 467. *Meyer, W.*, Über Ganz- und Teillernverfahren bei vorgeschriebenem Rezitieren. Z. Psychol. **98**, 304—341 (1926). — 468. *Mintz, A.*, Über äquidistante Helligkeiten. Psychol. Forschg **10**, 299—357 (1928). — 469. *Mjoen, J. A.*, Zur psychologischen Bestimmung der Musikalität. Z. angew. Psychol. **27**, 217—234 (1926). — 470. *Moers, M.*, Untersuchung über das unmittelbare Behalten bei verschiedenen Darbietungsarten und über das dabei auftretende totale und diskrete Verhalten der Aufmerksamkeit. Arch. f. Psychol. **41**, 205—269 (1921). — 471. *Müller, G. E.*, Über die Vergleichung gehobener Gewichte. Z. Psychol. **24**, 142—184 (1900). — 472. *Müller-Lyer, F. C.*, Optische Urteilstäuschungen. Arch. f. Physiol. **1889**, Suppl.-Bd., 263—270. — 473. *Munk, H.*, Die Erscheinungen bei kurzer Reizung des Sehorgans. Z. Psychol. **23**, 60—101 (1900). — 474. *Musold, D.*, Größenvergleichung an Strecken und Kugeln. Neue psychol. Stud. (im Druck).

475. *Nagel, A. W.*, Stereoskopie und Tiefenwahrnehmung im Dämmerungssehen. Z. Psychol. **27**, 264—266 (1902). — 476. *Nagel, W. A.*, Zwei optische Täuschungen. Nach Beobachtungen von Prof. *Danilewsky*. Z. Psychol. **27**, 277—304 (1902). — 477. *Nanu, N. A.*, Zur Psychologie der Zahlauffassung. Diss. Würzburg 1904. 56 S. — 478. *Noll, A.*, Versuche über Nachbilder. Psychol. Forschg **8**, 3—27 (1926). — 479. *Nußbaum, F.*, Über die Raumwerte in der Umgebung des blinden Flecks. Arch. Augenheilk. **87**, 142—151 (1921).

480. *Oetjen, F.*, Die Bedeutung der Orientierung des Lesestoffes für das Lesen und der Orientierung von sinnlosen Formen für das Wiedererkennen derselben. Z. Psychol. **71**, 321—355 (1915).

481. *Pauli, R.*, Über psychische Gesetzmässigkeit, insbesondere über das Webersche Gesetz. Jena: Gustav Fischer 1920. 88 S. — 482. *Pauli, R.*, Über die Beurteilung der Zeitordnung von optischen Reizen im Anschluß an eine von *E. Mach* beobachtete Farbenerscheinung. Arch. f. Psychol. **21**, 132—219 (1911). — 483. *Pauli, R.* und *A. Wenzl*, Experimentelle und theoretische Untersuchungen zum Weber-Fechnerschen Gesetz. Arch. f. Psychol. **51**, 399—494 (1925). — 484. *Piéron, H.*, Contributions experimentales á l'étude des phénomènes de transfert sensoriel. La vision et la kinesthésie dans la perception des longueurs. Ann. de Psychol. **23**, 76—124 (1923). — 485. *Pirig, A.*, Experimentelle Untersuchung über Lageempfindung und -auffassung und ihre Beziehung zur Auffassung der Bewegung. Arch. f. Psychol. **43**, 229—312 (1922). — 486. *Ponzo, M.*, Urteilstäuschungen über Mengen. Arch. f. Psychol. **65**, 129—162 (1928). — 487. *Popoff, P.*, Über Toposynopsien. Arch. f. Psychol. **53**, 169—184 (1925). — 488. *Poppelreuter, W.*, Beiträge zur Raumpsychologie. Z. Psychol. **58**, 200—262 (1911). — 489. *Poschoga, N.*, Die sukzessive und simultane Raumschwelle im indirekten Sehen. Psychol. Stud. **6**, 384—429 (1920). — 490. *Pratt, M. B.*, The visual estimation of angles. J. of exper. Psychol. **9**, 132—140 (1926). — 491. *Prantl, R.*, Die Schnelligkeit des optischen Erkennens als Funktion der Objektlage. Z. Psychol. **82**, 293—313 (1919). — 492. *Pretori, M.* und *M. Sachs*, Messende Untersuchungen des farbigen Simultankontrastes. Pflügers Arch. **60**, 71—90 (1895). — 493. *Purkinje, J.*, Beiträge zur Kenntnis des Sehens in subjektiver Hinsicht. Prag 1819. 176 S.

494. *Quandt, J.*, Bewußtseinsumfang für regelmäßig gegliederte Gesamtvorstellungen. Psychol. Stud. **1**, 137—172 (1906). — 495. *Quasebarth, K.*, Zeitschätzung und Zeitauffassung optisch und akustisch ausgefüllter Intervalle. Arch. f. Psychol. **49**, 379—432 (1924).

496. *Ranschburg, P.*, Über Hemmung gleichzeitiger Reizwirkungen. Z. Psychol. **30**, 39—86 (1902). — 497. *Ranschburg, P.*, Über die Wechselwirkung gleichzeitiger Reize im Nervensystem und in der Seele. Z. Psychol. **66**, 161—248 (1913). — 498. *Reichardt, M.*, Über Sinnestäuschungen im Muskelsinn bei passiven Bewegungen. Z. Sinnesphysiol. **41**, 430—454 (1907). — 499. *Renquist, E.*, Versuche über die Halbierung von horizontalen, vertikalen und schiefen Strecken. Skand. Arch. Physiol. (Berl. u. Lpz.) **42**, 209—225 (1922). — 500. *Révész, G.*, Über die Abhängigkeit der Farbenschwellen von der achromatischen Erregung. Z. Sinnesphysiol. **41**, 1—36 (1907). — 501. *Révész, G.*, Über die vom Weiss ausgehende Schwächung der Wirksamkeit farbiger Reize. Z. Sinnesphysiol. **41**, 102—118 (1907). — 502. *Révész, G.*, Prüfung der Musikalität. Z. Psychol. **85**, 163—209 (1920). — 503. *Révész, G.*, Experiments on Animal Space Perception. Investigation of illusory spacial perception in hens. Proc. 7. internat. Congr. Bristol

**1923**, Cambridge. Brit. J. Psychol. Gen. Sect. **14**, 387—414 (1924). — 504. *Révész, G.*, Abstraktion und Wiedererkennung. Z. Psychol. **98**, 34—56 (1926). — 505. *Richter, J.* und *H. Wamser*, Experimentelle Untersuchung der beim Nachzeichnen von Strecken und Winkeln entstehenden Größenfehler. Z. Psychol. **35**, 321—339 (1904). — 506. *Rölofs, C. O.* und *L. Bierens de Haan*, Über den Einfluss von Beleuchtung und Kontrast auf die Sehschärfe. Arch. f. Ophthalm. **107**, 151—189 (1922). — 507. *Rogge, C.*, Sprachliche Täuschungen durch den Ohrenschein. Arch. f. Psychol. **54**, 515—527 (1926). — 508. *Rollett, H.*, Über ein subjektives optisches Phänomen bei der Betrachtung gestreifter Flächen. Z. Sinnesphysiol. **46**, 198—224 (1912). — 509. *Rothschild, H.*, Untersuchungen über die sog. Zöllnerschen anorthoskopischen Zerrbilder. Z. Psychol. **90**, 137—166 (1922). — 510. *Rothschild, H.*, Über den Einfluss der Gestalt auf das negative Nachbild ruhender visueller Figuren. Arch. f. Ophthalm. **112**, 1—24 (1923). — 511. *Rose, G.*, Experimentelle Untersuchungen über das topische Gedächtnis. Z. Psychol. **69**, 161—233 (1914). — 512. *Rosenthal-Veit, O.*, Die Bedeutung der Handstellung und der Reizbeschaffenheit für die Lokalisation taktil dargebotener Formen. Psychol. Forschg **3**, 78—105 (1923). — 513. *Rubin, B. R.* und *H. P. Weld*, A. preliminary study of the Bourdon illusion. Amer. J. Psychol. **35**, 272—280 (1924). — 514. *Rupp, H.*, Über die Prüfung musikalischer Fähigkeiten. Z. angew. Psychol. **9**, 1—76 (1914). — 515. *Rupp, H.*, Über optische Analyse. Ber. 8. Kongr. Psychol. Leipzig. Jena **1924**, 193 u. Psychol. Forschg **4**, 262—300 (1923). — 516. *Ruppert, L.*, Ein Vergleich zwischen dem Distinktionsvermögen und der Bewegungsempfindlichkeit der Netzhautperipherie. Z. Sinnesphysiol. **42**, 409—423 (1908). — 517. *Rüsche, F.*, Über die Einordnung neuer Eindrücke in eine vorhergegebene Gesamtvorstellung. Z. Psychol. **10**, 265—338 (1900).

518. *Samojloff, A.*, Die Anordnung der musikalischen Intervalle im Raume. Psychol. Forschg **3**, 231—240 (1923). — 519. *Sander, F.*, Elementarästhetische Wirkungen zusammengesetzter geometrischer Figuren. Psychol. Stud. **9**, 1—37 (1913). — 520. *Sander, F.*, Rhythmusartige Gruppenbildungen bei simultanen Gesichtseindrücken. Ber. 8. Kongr. Psychol. Leipzig **1924**, 193—194. — 521. *Sander, F.*, Räumliche Rhythmik. Neue psychol. Stud. **1**, 123—159 (1926). — 522. *Sander, F.*, Beiträge zur Psychologie des stereoskopischen Sehens. I. Mit *Iinuma, R.*, Die Grenzen der binokularen Verschmelzung in ihrer Abhängigkeit von der Gestalthöhe der Doppelbilder. Arch. f. Psychol. **65**, 191—206 (1928). — 523. *Sander, F.*, Über Vorgestalten. Neue psychol. Stud. **4** (im Druck). — 524. *Sander, F.*, Über Sinnerfüllung optischer Komplexe. Neue psychol. Stud. **4** (im Druck). — 525. *Schäfer, K. L.*, Über die Kongruenz des psychophysiologischen Verhaltens der unerregten Netzhautgrube in der Dämmerung und des blinden Fleckes im Hellen. Pflügers Arch. **160**, 572—580 (1915). — 526. *Schäfer, O.* und *A. Guttmann*, Über die Unterschiedsempfindlichkeit für gleichartige Töne. Z. Psychol. **32**, 87—97 (1903). — 527. *Schjelderup-Ebbe, Th.*, Der Kontrast auf dem Gebiete des Licht- und Farbensinnes. I. Neue psychol. Stud. **2**, 61—127 (1926). — 528. *Schjelderup, H. K.*, Über eine vom Simultankontrast verschiedene Wechselwirkung der Sehfeldstellen. Z. Sinnesphysiol. **51**, 176—213 (1920). — 529. *Schmitz, F.*, Hemmungen beim unmittelbaren Behalten von Buchstaben und sinnlosen Silben. Arch. f. Psychol. **43**, 313—359 (1922). — 530. *Schneider, C.*, Untersuchungen über die Unterschiedsempfindlichkeit verschieden gegliederter optischer Gestalten. Neue psychol. Stud. **4**, 85—157 (1928). — 531. *Scholl, R.*, Untersuchungen über die teilinhaltliche Beachtung von Farbe und Form bei Erwachsenen und Kindern. Z. Psychol. **101**, 225—280 (1927). — 532. *Scholz, W.*, Experimentelle Untersuchungen über die phänomenale Grösse von Raumstrecken, die durch Sukzessivdarbietung zweier Reize begrenzt werden. Psychol. Forschg **5**, 219—272 (1924). — 533. *Schriever, W.*, Experimentelle Studien über stereoskopisches Sehen. Z. Psychol. **96**, 113—170 (1925). — 534. *Schulte, R. W.*, Die gegenseitige Beeinflussung von Druckempfindungen. Psychol. Stud. **10**, 339—380 (1917). — 535. *Schultze, F. E. O.*, Beitrag zur Psychologie des Zeitbewusstseins. Arch. f. Psychol. **13**, 275—351 (1918). — 536. *Schulz, A.*, Untersuchung über die Wirkung gleicher Reize auf die Auffassung bei momentaner Exposition Z. Psychol. **52**, 110—147 u. 238—296 (1909). — 537. *Schulz, H.*, Über die Wahrnehmung von Bewegungsvorgängen und die Anwendung auf kinematographische Probleme. Dtsch. opt. Wschr. **11**, 150—153 (1925). — 538. *Schulze, K.*, Gestaltwahrnehmung von drei und mehr Punkten auf dem Gebiete des Hautsinnes. Diss. Halle 1921. Langensalza: H. Beyer u. Söhne

1922. 57 S. — 539. *Schulze, R.*, Über Klanganalyse. Philos. Stud. **14**, 471—489 (1898). — 540. *Schumann, F.*, Über das Gedächtnis regelmässig aufeinanderfolgender gleicher Schalleindrücke. Z. Psychol. **1**, 75—80 (1890). — 541. *Schumann, F.*, Zur Schätzung leerer, von einfachen Schalleindrücken begrenzter Zeiten. Z. Psychol. **18**, 1—48 (1898). — 542. *Schumann, F.*, Beiträge zur Analyse der Gesichtswahrnehmungen. Z. Psychol. **23**, 1—32 (1900); **24**,1—33 (1900); **30**, 241—291 u. 321—339 (1902); **36**, 161—185 (1904). — 543. *Schumann, F.*, Neue Untersuchungen über die Zöllnerschen anorthoskopischen Zerrbilder. I. *Hecht, H.*, Die simultane Erfassung der Figuren. Z. Psychol. **94**, 153—208 (1924). II. *Wenzel, E. L.*, Die sukzessive Erfassung. Z. Psychol. **100**, 289—324 (1926). — 544. *Schur, E.*, Mondtäuschung und Sehgrössenkonstanz. Psychol. Forschg **7**, 44—80 (1926). — 545. *Schüssler, H.*, Über die Verschmelzung von Schallreizen. Z. Psychol. **54**, 119—160 (1910). — 546. *Schwarz, A.*, Zeichnerische Wiedergabe ebener Figuren. Neue psychol. Stud. (im Druck). — 547. *Schweisgut, A.*, Über das Zustandekommen der Irrtümer in der Wahrnehmung. Z. angew. Psychol. **22**, 161—209 (1923). — 548. *Schwertschlager, J.*, Über subjektive Gesichtsempfindungen und -erscheinungen. Z. Psychol. **16**, 35—48 (1898). — 549. *Schwirtz, P.*, Das Müller-Lyersche Paradoxon in der Hypnose. Arch. f. Psychol. **32**, 339—395 (1914). — 550. *Seffers, K.*, Experimentelle Beiträge zur Untersuchung der Unterschiedsschwelle für Helligkeiten von der antagonistischen Induktion. Z. Sinnesphysiol. **53**, 255—263 (1922). — 551. *Segal, J.*, Beiträge zur experimentellen Ästhetik. I. Über die Wohlgefälligkeit einzelner räumlicher Formen. Arch. f. Psychol. **7**, 53 bis 124 (1906). — 552. *Seashore, R. H.*, Studies in motor rhythm. Psychologic. Monogr. **36**, 142—189 (1926). — 553. *Seyfert, R.*, Über die Auffassung einfachster Raumformen. Philos. Stud. **14**, 550—566 (1898); **18**, 189—215 (1903). — 554. *Simchowitz, H.*, Über die Zöllnerschen anorthoskopischen Zerrbilder. Arch. f. Psychol. **56**, 1—54 (1926). — 555. *Simon, R.*, Über die Wahrnehmung von Helligkeitsunterschieden. Z. Psychol. **21**, 433—442 (1899). — 556. *Simpson, R. M.*, Creative Imagination. Amer. J. Psychol. **33**, 234—243 (1922). — 557. *Skramlik, E. v.*, Über die Beeinflussung der Tastwahrnehmung durch Innervationsantriebe. Klin. Wschr. **3**, 967—970 (1924). — 558. *Skramlik, E. v.*, Über Bewegungstäuschungen im Gebiete des Tastsinnes. Z. Sinnesphysiol. **56**, 241—255 (1925). — 559. *Skramlik, E. v.*, Über Tastwahrnehmungen. Z. Sinnesphysiol. **56**, 256—280 (1925). — 560. *Skubich, G.*, Experimentelle Beiträge zur Untersuchung des binokularen Sehens. Z. Psychol. **96**, 353—399 (1925). — 561. *Spearman, C.*, Die Normaltäuschungen in der Lagewahrnehmung. Psychol. Stud. **1**, 388—493 (1906). — 562. *Spearman, C.*, Einfluss der Bewegungsrichtung auf den Lokalisationsfehler. Psychol. Stud. **2**, 119—121 (1907). — 563. *Squire, C. R.*, A genetic study of rhythm. Amer. J. Psychol. **12**, 492—589 (1900). — 564. *Squires, P. C.*, Visual illusions with special reference to seen movement. Psychol. Bull. **23**, 574—598 (1926). — 565. *Stern, A.*, Die Wahrnehmung von Bewegungen in der Gegend des blinden Flecks. Psychol. Forschg **7**, 1—15 (1926). — 566. *Stern, W.*, Die Wahrnehmung von Tonveränderungen. Z. Psychol. **22**, 1—12 (1900). — 567. *Stern, W.*, Die Entwicklung der Raumwahrnehmung in der ersten Kindheit. Z. angew. Psychol. **2**, 412—423 (1909). — 568. *Stern, W.*, Über verlagerte Raumformen. Z. angew. Psychol. **2**, 498—526 (1909). — 569. *Stern, W.*, Psychologie der frühen Kindheit. 4. Aufl. Leipzig 1927. 532 S. — 570. *Sterzinger, O.*, Rhythmische Ausgeprägtheit und Gefälligkeit musikalischer Sukzessivintervalle. Arch. f. Psychol. **35**, 75—124 (1916). — 571. *Sterzinger, O.*, Rhythmische und ästhetische Charakteristik der musikalischen Sukzessivintervalle. Arch. f. Psychol. **35**, 75—124 (1916). — 572. *Stetson, R. H.* und *T. E. Tuthill*, Measurement of rhythmic unitgroups at different tempos. Psychologic. Monogr. **32**, 41—51 (1923). — 573. *Storch, E.*, Über die Wahrnehmung musikalischer Tonverhältnisse. Z. Psychol. **27**, 361—386; **29**, 352—357 (1902). — 574. *Strauss, H.*, Untersuchungen über das Erlöschen und Herausspringen von Gestalten. Psychol. Forschg **10**, 57—83 (1928). — 575. *Stücker, N.*, Über die Unterschiedsempfindlichkeit für Tonhöhen in verschiedenen Tonregionen. Z. Sinnesphysiol. **42**, 392—408 (1908). — 576. *Stumpf, C.*, Tonpsychologie. Leipzig 1883. 427 S. — 577. *Stumpf, C.*, Neueres über Tonverschmelzung. Z. Psychol. **15**, 280—303 u. 354 (1897). — 578. *Stumpf, C.*, Die Unmusikalischen und die Tonverschmelzung. Z. Psychol. **17**, 422—435 (1898). — 579. *Stumpf, C.* und *M. Meyer*, Massbestimmungen über die Reinheit konsonanter Intervalle. Z. Psychol. **18**, 321—404 (1898). — 580. *Stumpf, C.*, Über das Erkennen von Intervallen und Akkorden bei sehr kurzer Dauer.

Z. Psychol. 27, 148—185 (1902). — 581. *Stumpf, C.*, Differenztöne und Konsonanz. Z. Psychol. 30, 269—283 (1905); 59, 161—175 (1911). — 582. *Stumpf, C.*, Beobachtungen über Kombinationstöne. Z. Psychol. 55, 1—176 (1910). — 583. *Stumpf, C.*, Binaurale Tonmischung. Mehrheitsschwelle und Mitteltonbildung. Z. Psychol. 75, 330—350 (1916). — 584. *Stumpf, C.*, Die Sprachlaute. Experimentell-phonetische Untersuchungen. Berlin 1926. 420 S. — 585. *Stumpf, Pl.*, Über die Abhängigkeit der visuellen Bewegungsempfindung und ihres negativen Nachbildes von den Reizvorgängen auf der Netzhaut. Z. Psychol. 59, 321—330 (1911). — 586. *Szili, A. v.*, Bewegungsnachbild und Bewegungskontrast. Z. Psychol. 38, 81—154 (1905). — 587. *Szili, A. v.*, Zum Studium des Bewegungsnachbildes. Z. Sinnesphysiol. 42, 109—114 (1908).

588. *Takagi, K.*, On visual estimation of length of various curves. Jap. J. of Psychol. 1, 476—498 (1926). — 589. *Tawney, G. S.*, Über die Wahrnehmung zweier Punkte mittels des Tastsinnes, mit Rücksicht auf die Frage der Übung und die Entstehung der Vexierfehler. Philos. Stud. 13, 163—221 (1898). — 590. *Ternus, J.*, Experimentelle Untersuchungen über phänomenale Identität. (*Wertheimer, M.*, Untersuchungen zur Lehre von der Gestalt III.) Psychol. Forschg 7, 81—136 (1926). — 591. *Tittel, M.*, Über Angleichung und Kontrast im Tongebiet. Arch. f. Psychol. 41, 353—381 (1921). — 592. *Thiery, A.*, Über geometrisch-optische Täuschungen. Philos. Stud. 11, 307—371 u. 603—620; 12, 67—126 (1895). — 593. *Tumlirz, O.*, Über den Unterschied beim Erfassen und Reproduzieren von Zahlen und Wörtern. Z. pädag. Psychol. 16, 347—368, 412—420 u. 456—459 (1915).

594. *Ueno, Y.*, Experiments on perceptional, judgment of space bisection. Jap. J. of Psychol. 1, 453—475 (1926). — 595. *Uhthoff, W.*, Weitere Beiträge zum Sehenlernen Blindgeborener und später mit Erfolg operierter Menschen, sowie zu dem gelegentlich vorkommenden Verlernen des Lesens bei jüngeren Kindern, nebst psychologischen Bemerkungen bei totaler kongenitaler Amaurose. Z. Psychol. 14, 197—241 (1897).

596. *Valentine*, Psychological theories of the horizontal-vertical illusion. Brit. J. Psychol. 5, 8—35 (1912). — 597. *Viqueira, L. V.*, Lokalisation und einfaches Wiedererkennen. Z. Psychol. 73, 1—10 (1915).

598. *Waiblinger, E.*, Zur psychologischen Begründung der Harmonielehre. Arch. f. Psychol. 29, 258—270 (1913). — 599. *Waschburn, M. F.*, Über den Einfluss der Gesichtsassoziationen auf die Raumwahrnehmungen der Haut. Philos. Stud. 11, 190—225 (1895). — 600. *Weigl, E.*, Zur Psychologie sog. Abstraktionsprozesse. I. Untersuchungen über das Ordnen. Z. Psychol. 103, 1—45 (1927). — 601. *Weinland, D. J.*, The effect of grouping on the perception of digitis. Amer. J. Psychol. 35, 221—229 (1924). — 602. *Werner, H.*, Untersuchungen über den blinden Fleck. Pflügers Arch. 153, 475—490 (1913). — 603. *Werner, H.*, Ein Phänomen optischer Verschmelzung. Z. Psychol. 66, 263—270 (1913). — 604. *Werner, H.*, Über optische Rhythmik. Arch. f. Psychol. 38, 115—163 (1919). — 605. *Werner, H.*, Rhythmik, eine mehrwertige Gestaltenverkettung. Z. Psychol. 82, 198—218 (1919). — 606. *Werner, H.*, Über Strukturgesetze und deren Auswirkung in den sog. geometrisch-optischen Täuschungen. (*Werner, H.*, Studien über Strukturgesetze I.) Z. Psychol. 94, 248—264 (1924). — 607. *Werner, H.*, Über das Problem der motorischen Gestaltung. (*Werner, H.*, Studien über Strukturgesetze II.) Z. Psychol. 94, 265—272 (1924). — 608. *Werner, H.* und *E. Lagererantz*, Experimentell-psychologische Studien über die Struktur des Wortes. (*Werner, H.*, Studien über Strukturgesetz III.) Z. Psychol. 95, 316—363 (1924). — 609. *Werner, H.*, Über Mikromelodik und Mikroharmonik. Z. Psychol. 98, 74—89 (1926). — 610. *Werner, H.*, Über die Ausprägung von Tongestalten. (*Werner, H.*, Studien über Strukturgesetze V.) Z. Psychol. 101, 159—181 (1927). — 611. *Wertheimer, M.*, Untersuchungen über das Sehen von Bewegungen. Z. Psychol. 61, 161—265 (1912). — 612. *Westphal, E.*, Über Haupt- und Nebenaufgaben bei Reaktionsversuchen. Arch. f. Psychol. 21, 219—434 (1911). — 613. *Wiegand, C. F.*, Untersuchungen über die Bedeutung der Gestaltqualität für die Erkennung von Wörtern. Z. Psychol. 48, 161—237 (1908). — 614. *Williams, J. A.*, Experiments with form perception and learing in dogs. Comp. Psychologic. Monogr. 4, 1—70 (1926). — 615. *Wingender, P.*, Beiträge zur Lehre von den geometrisch-optischen Täuschungen. Z. Psychol. 82, 20—66 (1919). — 616. *Witasek, St.*, Versuche über das Vergleichen von Winkelverschiedenheiten. Z. Psychol. 11, 321—332 (1898). — 617. *Witasek,*

*St.*, Assoziation und Gestalteinprägung. Bearbeitet von *A. Fischer*. Z. Psychol. **79**, 161—210 (1918). — 618. *Witmer, L.*, Zur experimentellen Ästhetik einfacher räumlicher Formverhältnisse. Philos. Stud. **9**, 96—145 u. 176—209 (1894). — 619. *Wohlfahrt, E.*, Der Auffassungsvorgang zur kleinsten Gestalt. Ein Beitrag zur Psychologie des Vorgestalterlebnisses. Neue psychol. Stud. **4** (im Druck). — 620. *Wulf, E.*, Über die Veränderungen von Vorstellungen. (Gestalt und Gedächtnis.) Psychol. Forschg **1**, 333—373 (1922). — 621. *Wundt, W.*, Über Vergleichungen von Tondistanzen. Philos. Stud. **6**, 605—640 (1891). — 622. *Wynn Jones, L.*, Experimental Studies in Consonance and Rhythm. Ber. 8. internat. Kongr. Psychol. Groningen **1926**, 448—452.

623. *Zehender, W. v.*, Über geometrisch-optische Täuschungen. Z. Psychol. **20**, 65—117 u. 353—384; **24**, 218—284 (1899). — 624. *Zeitler, J.*, Tachistoskopische Untersuchungen über das Lesen. Philos. Stud. **16**, 380—465 (1900). — 625. *Ziehen, Th.*, Beitrag zur Lehre vom absoluten Eindruck (nebst Beobachtungen über taktile Längentäuschungen). Z. Psychol. **71**, 177 bis 320 (1915). — 626. *Ziehen, Th.*, Über die Abhängigkcit der scheinbaren Größe taktiler Empfindungen von der Entfernung und von der optischen Einstellung. Z. Sinnesphysiol. **50**, 59—116 (1919). — 627. *Zigler, M. J.* and *K. M. Northup*, The tactual, perception of form. Amer. J. Psychol. **37**, 391—397 (1926).

# Namenverzeichnis.

# Sachverzeichnis.